Thomas Hornung / Thomas Rietig

Das Märklin-Lokbuch

Dampflokomotiven

Thomas Hornung / Thomas Rietig

Das Märklin-Lokbuch

Dampflokomotiven

Augustus Verlag Augsburg

Die Deutsche Bibliothek – CIP-Einheitsaufnahme

Thomas Hornung / Thomas Rietig
Das Märklin-Lokbuch : Dampflokomotiven / von Thomas Hornung und
Thomas Rietig – Augsburg : Augustus Verl.; 1998
(Die elektrische Eisenbahn Märklin)
ISBN 3-8043-0335-8
NE: HST

Idee: Thomas Rietig
Konzeption: EuropMedia Verlag, 87660 Irsee
Redaktion: Thomas Hornung
Bildredaktion: Klaus Eckert
Modellfotografie: Rainer Albrecht, Saalfeld
Umschlaggestaltung: Christa Manner, München, unter Verwendung eines Fotos von Ludwig Rotthowe
AUGUSTUS VERLAG in der
Weltbild Verlag GmbH, Augsburg 1998

Satz: Gesetzt in 10/13 Punkt Palatino bei MediaService, 87660 Irsee
Reproduktion: Fotolito Varesco, Auer
Druck und Bindung: Ernst Uhl, Radolfzell
Gedruckt auf 135 g umweltfreundlich elementar chlorfrei gebleichtes Papier
ISBN 3-8043-0335-8
Printed in Germany

Inhaltsverzeichnis

Vorwort – Die Geschichte der Dampflok 6
Im Bahnbetriebswerk 10
Die Epoche I – Die Zeit der Länderbahnen 12
Baureihe 78 – Langlebige Preußin 14
Baureihe 74 – Nicht nur in Berlin zu Hause 18
Zwei Sonderlinge: Die T 8 und die KLVM 20
Baureihe 38 – Die erste Europa-Lok 22
Baureihe 17.0 – Die schnelle Preußin 26
Gattung B VI – Langlebige Bayerin 28
Baureihe 18.4 – Schönste Dampflok aller Zeiten 30
PtL 2/2 – Liebenswerte Lokalbahnlok 38
Baureihe 96 – Bayerisches Kraftpaket 40
R 3/3 – Schnuckelige Tenderlokomotive 46
Der Kittel – Nebenbahnretter von Einst 48
Baureihe 75.0 – Erste deutsche Prärielok 50
Baureihe 18.1 – Die schöne Württembergerin 52
P 2. II – Eine Pfälzerin aus München 58
Epoche II – Vom Rheingold zur Kriegslok 60
Baureihe 01 – Die Einheitslok schlechthin 62
Baureihe 01.10 – Die etwas bessere 01 68
Baureihe 03 – Der Salondampfer 74
Baureihe 03.10 – Die Wahrheit liegt in der Mitte 78
Baureihe 24 – Das Steppenpferd 80
Baureihe 41 – Mädchen für alles 84
Baureihe 44 – Gigant der Arbeit 88
Baureihe 50 – Das Erfolgsmodell 94
Baureihe 52 – Die Kriegslokomotive 100
Baureihe 53 – Die Lok, die nie gebaut wurde 102
Baureihen 80/81 – Bullis für den Rangierdienst 104
Baureihe 85 – Die Bergkönigin 106
Baureihe 86 – Die eierlegende Wollmilchsau 110
Baureihe 89.0 – Die meistgebaute Lok aller Zeiten 114
Epoche III – Vom Chaos zum InterCity 116
Baureihe 23 – Erfolgreiche DB-Konstruktion 118
Servicetips für Märklin-Dampflokomotiven 122
Glossar 127
Bildnachweis 128

Wenn es wahr ist, daß Freunde und Hersteller von Modellbahnen in vielerlei Hinsicht aufeinander angewiesen sind, dann kann man auch sagen: Sie sitzen alle in einem Boot. Und dann ist es gut, wenn sie ein ***Logbuch*** haben. Es gibt Auskunft über die zurückgelegte Wegstrecke, über Kurs und Geschwindigkeit, über die Unbilden der Witterung, die von Zeit zu Zeit Verzögerungen verursachten oder Umwege nötig machten, und über eventuelle Zwischenfälle an Bord oder in der Nähe eines Schiffes.

Sie sehen also, liebe Leserinnen und Leser, der Titel unseres Buches ***Lokbuch*** hat durchaus einen tieferen Sinn, auch wenn wir aus naheliegenden Gründen eine etwas veränderte Schreibweise gewählt haben. Nach mehr als einem halben Jahrhundert in der Nenngröße H0 zurückgelegter Wegstrecke kann ein Überblick über den Kurs und die Geschwindigkeit dieses gemeinsamen Bootes nicht verkehrt sein.

Unser ***Lokbuch*** soll dazu anregen, die Märklin-Lokomotiven und ihre Vorbilder so nah wie möglich zusammenzubringen, sie aber über Technik und neuerdings auch Elektronik hinaus auch in den geschichtlichen Zusammenhang stellen. Wo immer es möglich ist, wollen wir versuchen, auch ein wenig Humor und hier und da Besinnliches in die Geschichten um die Lokomotiven einzubringen.

Zunächst geht es nur um Dampflokomotiven, im zweiten Band dann um Elektro- und Diesellokomotiven. Wir versuchen in beiden Bänden, alle von Märklin in der Nenngröße H0 produzierten Modelle in den Kontext ihrer Epoche einzuordnen. Zahlreiche Modelle allerdings werden besonders hervorgehoben, weil sie entweder bei Märklin oder beim Vorbild eine herausragende Rolle gespielt haben oder noch spielen.

Beispielhaft sollen hier nur zwei Lokomotiven genannt werden: das Schweizer Krokodil, das seit mehr als 50 Jahren das Flaggschiff des Göppinger Traditionsherstellers ist. Ihm gebührt natürlich auch im Lokbuch ein Denkmal. Am anderen Ende der Prestigeskala hat sich ein kleines Dampflökchen sozusagen in aller Stille einen Ehrenplatz als meistgebaute Lokomotive der Welt in allen Spurweiten erobert: die deutsche Dampflokbaureihe 89, bei deren Vorbild es wahrlich nicht so aussah, als sei ihr eine große Zukunft oder ein längerer Absatz im Buch der Dampflokgeschichte beschieden.

Natürlich kann selbst so ein Buch nicht alles in sich vereinen, was Eisenbahngeschichte und Lokomotivtechnik ausmacht. Das war auch gar nicht unsere Absicht. Wir mußten uns daher auf wesentliche Aussagen beschränken.

Unser Ziel war es, fernab von purer Nietenzählerei eine kurzweilige Aufarbeitung des Themas „Lokomotive" zu bieten, das ein wenig über das Lexikalische und Technische hinausgeht. Sie soll nicht nur eingefleischten Fans als Handbuch dienen, sondern jedem, der Spaß an der grossen wie der kleinen Bahn hat, Motivation zur näheren Beschäftigung mit ihr bringen.

Bei allem Bemühen, die Daten und Fakten korrekt zusammenzutragen und wiederzugeben, müssen wir ehrlicherweise zugeben: Es kann sein, daß wir beim Recherchieren trotz größter Sorgfalt den einen oder anderen Fehler gemacht haben. Wir bitten dies zu entschuldigen

Nun aber wünschen wir Ihnen viel Vergnügen mit dem ersten Märklin-Lokbuch.

Die Verfasser

Es soll Modellbahnfans geben, die in Familie oder Büro wegen ihres Hobbys nicht ernst genommen werden. Wenn sich die Geschmähten rechtfertigen wollen, können sie die Geschichte der Eisenbahn heranziehen. Im Falle des Dampfwagens, der an der Schwelle zum 19. Jahrhundert erfunden wurde, ist nämlich erwiesen, daß erst das Modell und dann das Original vorhanden war.

Und das passierte so: 1770 fuhr in Paris ein Straßendampfwagen des französischen Artillerieleutnants Nicholas Cugnot. Dieser stieß bei den ersten Probefahrten gegen eine Mauer. Die Überlieferung besagt, daß dabei zwar die Mauer, aber nicht der recht klobige und schwer zu steuernde Dampfwagen Schaden nahm. Trotzdem wurde zunächst das Projekt Dampfwagen eingestellt.

Am 28. April 1794 sicherte sich der Erfinder der Dampfmaschine, James Watt, ein Patent für einen von einer Niederdruckdampfmaschine angetriebenen Dampfwagen. Watts Betriebsingenieur William Murdock baute daraufhin einige funktionsfähige Modelle. Warum sie nicht zum Prototyp weiterentwickelt wurden, erzählt eine Anekdote: Als Murdock das Modell eines Tages auf einer Dorfstraße ausprobierte, fuhr es dem Pastor fast unter den Rock, worüber der geistliche Herr sich ziemlich aufgeregt haben soll.

In den Straßen von London

Ein weiterer Versuch ist aus dem Jahr 1802 in London überliefert. Dumpfes Rumpeln und scheußliches Quietschen erfüllte die schlecht gepflasterten Straßen. Die Pferde scheuten. Es fauchte und dampfte in der New Road. Schwarzer Aschenregen fiel. Ein Dampfwagen fuhr auf gußeisernen Rädern durch die City. Eine ältere Frau erschrak dermaßen beim Anblick der Teufelsmaschine, daß sie vom Schlag getroffen niedersank. Der Erbauer der

Maschine, die sich nach so einer von schlechten Vorzeichen begleiteten Einführung zunächst nicht als Massenverkehrsmittel durchsetzte, hieß Richard Trevithick. Zwei Jahre später schaffte der junge Techniker aus Cornwall den Durchbruch. Er konstruierte als erster eine funktionstüchtige Lokomotive, die an Stelle einer Pferdebahn am 21. Februar 1804 in Süd-Wales bis zu 25 Tonnen Eisen vom Bergwerk zum Kanal brachte. Die „Invicta" arbeitete bereits mit einer Hochdruckdampfmaschine.

Eine Wette um 500 Pfund

Abgesehen davon, daß der „Tram-Waggon" mit fünf Tonnen die Schienen aus schlechtem Eisen über Gebühr beanspruchte, gilt das Experiment – es wurde von einer Wette um 500 Pfund begleitet, die Trevithick gewann – als geglückt. Es war die Geburtsstunde der Dampfeisenbahn, aus der sich ein System entwickelte, das heute mit so klangvollen Namen wie TGV, ICE, Thalys oder Eurostar an der Spitze der Verkehrstechnik steht.

Später führte Trevithick eine Lokomotive namens „Catch Me Who Can" in London vor. Als eine Schiene brach, endete die Erfolgsstory Trevithicks. Während er verarmt starb, erntete 1815 ein anderer Mann den Ruhm, der maßgebliche Pionier der Dampfgeschichte gewesen zu sein. George Stephensons erste Maschine hieß „Mylord" und wurde später zu Ehren des siegreichen Feldherrn der mit England verbündeten Preußen in „Blücher" umbenannt. Die Kesselanordnung übernahm Stephenson von einer 1812 entstandenen Maschine, die oftmals John Blenkinsop zugeschrieben wird. In Wirklichkeit gab der Betriebsleiter der Middleton-Gruben bei Leeds die Lok in Auftrag. Erbauer war Matthew Murray. Weil zu jener Zeit die Ansicht vorherrschte, die glatten Räder könnten auf den blanken Schienen keinen schweren Zug bergauf ziehen, hatte Murray seine Dampfmaschine so gebaut, daß sie ein Zahnradantrieb, das in eine neben den Schienen angebrachte Zahnstange griff. Insgesamt entstanden sechs Zahnradloks, die 50 Pferde ersetzten.

Stephenson dagegen trieb die Laufräder an. Er orientierte sich an einem anderen Eisenbahnpionier jener Tage: William Hedley. Der Betriebsleiter einer Grube in Wylam in Northumberland konstruierte 1814 drei Loks, bei denen er sich mit Recht darauf verließ, daß eine schwere Lokomotive allein durch die Adhäsion beachtliches Gewicht bergauf ziehen könnte. Eine davon, die „Puffing Billy", blieb bis 1862 im Einsatz. Sie ist noch heute als Exponat im Science Museum in London zu bewundern.

Stephenson nutzte die Erkenntnisse der Dampfpioniere und brachte in den folgenden Jahren immer mehr Verbesserungen an seinen Loks an. Damit sicherte er sich unter den Produzenten einen Platz in der ersten Reihe.

Ruhmloses Kapitel

In jenen Jahren wurden auch in Deutschland die ersten Dampflokomotiven gebaut. Allerdings ist dies noch kein Kapitel, mit dem Preußen seinen Führungsanspruch auf diesem Gebiet hätte unterstreichen können: Die Königliche Eisengießerei in Berlin konstruierte 1816 unter Leitung von Johann Friedrich Krigar zwei Maschinen mit Blenkinsopscher Zahnstange für Bergwerke in Oberschlesien und im Saargebiet.

Beide erwiesen sich als untauglich. Bei der für die oberschlesische Königshütte bestimmten Lok soll die Spurweite der Räder nicht mit jener der Gleise im Bergwerk übereingestimmt haben. Erhalten geblieben sind von diesem unrühmlichen Auftakt deutschen Lokomotivbaus nur eine im Oberbergamt Bonn aufbewahrte Zeichnung und eine gußeiserne Neujahrsgrußtafel der Eisengießerei.

Stephenson dagegen feierte 1829 seinen großen Triumph, als die von ihm konstruierte „Rocket" das legendäre Eisenbahnrennen von Rainhill auf einer 3,2 Kilometer langen Strecke zwischen Liverpool und Manchester gewann.

Adler im Grundstein

Etwa zur gleichen Zeit entstand schon wieder eine Modellbahn. Ihr Schicksal ist bisher nicht eindeutig geklärt. Klar ist nur, daß die Lok im Maßstab 1 : 7 im Jahr 1857 in den Grundstein des Münchner Maximilianeums, im dem sich heute der Bayerische Landtag befindet, eingemauert wurde.

Entdeckt wurde das Modell am Faschingsdienstag 1998. Bauarbeiter waren gerade dabei, einen Lagerraum im Keller tieferzulegen, als sie unter einer Türschwelle einen Hohlraum mit einer Bleikiste entdeckten. Sie waren auf den Grundstein gestoßen, über dessen Lage bisher nichts bekannt war. König Maximilian II., berühmt als Förderer des Eisenbahnbaus in Bayern, legte ihn am 6. Oktober 1857.

Die Lokomotive mit Schlepptender stand auf Schienen in einer geborstenen Glasvitrine. Modellbahnfans sind sich mit Vertretern des Landtags einig: Das Fundstück habe wirklich mit Dampfantrieb fahren können, darauf deute schon die Dichtschraube des Kessels hin.

Womöglich ist das schwarz-grüne Objekt aus Eisen und Holz ein Teil jener legendären ersten Modellbahn, die 1825 durch den Nymphenburger Schloßpark in München fuhr. Der Inhaber des ersten deutschen Eisenbahnpatents, Joseph Ritter von Baader, hatte die Anlage den Dokumenten zufolge errichtet, um den damaligen Regenten und späteren Namensgeber der Bahn von Nürnberg nach Fürth, König Ludwig I., für seine Eisenbahnpläne zu gewinnen. Nicht ausgeschlossen war zunächst, daß es sich bei dem Fund auch um ein Werbegeschenk der englischen Firma von Robert Stephenson handelt.

Diese baute den „Adler", der am 7. Dezember 1835 zwischen Nürnberg und Fürth das Eisenbahnzeitalter in Deutschland eröffnete. Sogar der Lokführer war aus England importiert worden. Die 35 km/h schnelle Lok wurde 1856 ausgemustert.

Auch bei der Ludwigsbahn hatte es eigentlich eine deutsche Maschine sein sollen. Eine württembergische Firma hatte den Zuschlag erhalten, aber sie schaffte es nicht, eine funktionsfähige Lokomotive herzustellen.

1838 kam die Saxonia

Die erste Lokomotive, die in Deutschland gebaut wurde und etwas taugte, war die „Saxonia". Sie wurde 1838 nach einem Entwurf von Professor Johann Andreas Schubert in der Maschinenbauanstalt Uebigau bei Dresden für die Leipzig-Dresdner Eisenbahn gebaut. Damals waren in England bereits 140 Maschinen produziert und viele von ihnen nach Nordamerika verschifft worden.

Im Gegensatz zu der Patentee genannten klassischen englischen Lok mit einer Treibachse zwischen zwei Laufachsen – zu dieser Gattung zählte auch der „Adler" – hatte die „Saxonia" bereits zwei Treibachsen und eine Nachlaufachse.

Die Originale beider Maschinen sind nicht mehr erhalten, aber es gibt funktionsfähige Nachbauten: Der „Adler" wurde zum 100jährigen Jubiläum der deutschen Eisenbahn 1935 samt Wagen nachgebaut und transportierte auch zur 150-Jahr-Feier wieder Fahrgäste bei den Veranstaltungen in Nürnberg. Die „Saxonia" wurde 1987/88 von der Deutschen Reichsbahn nachgebaut.

Eine Dampfmaschine auf Rädern

Den Ingenieuren bot sich beim Nachbau die seltene Gelegenheit, von Anfang an noch einmal das Prinzip der Dampflokomotive kennenzulernen und handwerklich umsetzen zu können. Technisch betrachtet ist eine Dampflokomotive nichts anderes als eine Dampfmaschine, die auf Rädern über Land fährt.

Die große Klappe hinten am Führerstand gibt den Blick in die Feuerbüchse frei. In der Feuerbüchse wird auf dem Rost der Brennstoff verbrannt. Die heißen Verbrennungsgase durchströmen die zahlreichen Rohre im Kessel, der bis zu 75 Prozent mit Wasser gefüllt ist. Vorn münden die Rohre in die Rauchkammer und dann in den Schornstein.

Der Naßdampf, der auf diese Weise entsteht, sammelt sich im Dampfdom. Ursprünglich trieb Naßdampf alle Lokomotiven an. 1898 stellte die Stettiner Lokomotivfabrik Vulcan dann die erste Heißdampflokomotive der Welt vor. Bei dieser Bauart strömte der Naßdampf in einen Überhitzer, der meist in der Rauchkammer untergebracht war. Der Naßdampf wird in Heißdampf mit einer Temperatur von etwa 380 Grad Celsius umgewandelt.

Vom Dampfdom oder vom Überhitzer – je nach Type – gelangt der Dampf zu den Zylindern mit den Kolben, die mittels eines ausgeklügelten Kurbeltriebes die Treibräder in Bewegung setzen. Kuppelstangen verbinden weitere Räder mit der angetriebenen Achse. Eine Steuerung, die vom Führerstand aus über ein Gestänge bedient wird, dosiert die Füllung der Zylinder und bestimmt die Fahrtrichtung der Lokomotive. Der Abdampf strömt aus dem Zylinder durch das Blasrohr, wo er einen kräftigen Zug für die Verbrennung erzeugt, und schließlich in den Schornstein.

Aufgeregte Fahrgäste

Dieses Blasrohr, das auch auf Stephenson zurückgeht, soll übrigens eine Reaktion auf Beschwerden von Fahrgästen am Bahnsteig gewesen sein: Sie beklagten sich über mögliche Gefahren durch den heißen Abdampf aus den Zylindern, so daß die Ingenieure ihn in den Schornstein leiten mußten. Daß er damit für kräftigen Durchzug im Kamin sorgte, soll nur ein – allerdings sehr willkommener – Nebeneffekt gewesen sein. Soweit das Prinzip der Dampflok.

Im Lauf der Jahrzehnte entstanden unzählige Bauarten, von denen hier nur die wichtigsten erwähnt werden sollen: Schnellzuglokomotiven, die relativ leichte Züge mit hoher Geschwindigkeit ziehen sollten, hatten riesengroße Treibräder, damit bei jeder Umdrehung möglichst viel Strecke zurückgelegt wurde. Güterzuglokomotiven, bei denen es auf die Zugkraft ankam, verteilten möglichst hohes Gewicht auf möglichst viele kleine Treibräder, um die Adhäsion zu erhöhen und lange, schwere Züge problemlos ziehen zu können.

Schlepptenderlokomotiven konnten viele Vorräte für lange Strecken mitführen, brauchten aber viel Platz auf der Drehscheibe und im Lokschuppen. Rückwärts erreichten sie wegen des Tenders nur eine geringe Höchstgeschwindigkeit. Tenderloks waren wendiger und fuhren vor- wie rückwärts gleich schnell, konnten aber nicht genügend Vorräte für längere Strecken mitführen.

Dampflokomotiven wurden mit den unterschiedlichsten Brennstoffen befeuert. Neben Kohle war Holz anfangs eine durchaus gängige Energiequelle. Sogar Torf wurde auf den Rost geschaufelt, wenn er in ausreichender Menge vorhanden war. Später kamen Kohlenstaub und schweres Bunkeröl dazu.

Die Stunde der Pioniere

Die Dampfmaschine stand am Anfang der industriellen Revolution, zu deren Sieg die Eisenbahn wesentlich beitrug. Die Nachfrage nach Lokomotiven, Wagen und Schienen wuchs stetig. Um sie zu befriedigen, entstanden in Europa und Amerika zahllose Fabriken. Es schlug die Stunde der Pioniere. Sie prägten die industrielle Landschaft so nachhaltig, daß ihre Namen auch heute nicht nur Wirtschaftshistorikern bekannt sind. Stellvertretend seien hier Borsig und Henschel genannt.

August Borsig (1804 – 1854) zählte zu den ersten Pionieren. Er begann 1841 mit dem Lokomotivbau. Bis in die dreißiger Jahre gehörte die Firma Borsig zu den wichtigsten Dampflokfabriken in Deutschland. Zu den bedeutendsten Maschinen, welche die Werkhallen in Berlin-Tegel verließen, gehörten die Schnellfahrloks der Baureihe 05.

Carl Anton Henschel (1780 – 1861) in Kassel begann 1848 mit dem Lokomotivbau. Die erste Lok war der „Drache" für die Hessische Nordbahn. In unserem Jahrhundert machte sich Henschel mit dem Henschel-Wegmann-Zug oder der mit Einzelachsantrieb ausgerüsteten Schnellfahrlok 19 1001 einen Namen. Während Borsig den Lokomotivbau aufgeben mußte, entstehen bei Henschel noch heute Lokomotiven, wenn auch unter dem Markennamen ADtranz.

Spezialisierung tut not

Gab es bis etwa 1870 sehr viele Maschinen der Patentee- und der Crampton-Bauarten, so wurden mit steigenden Fracht- und Passagierzahlen nicht nur neue und größere Waggons, sondern auch leistungsstärkere Lokomotivtypen erforderlich. Der erste Dreikuppler fuhr allerdings schon 1843 – diese für gebirgige Strecken besonders gut geeigneten Maschinen fanden sich auch auf der berüchtigten Geislinger Steige mit ihrer maximalen Steigung von 22,5 Promille, der nachmaligen Hausstrecke von Märklin.

Die amerikanische Fabrik Norris leistete in dieser Zeit Entwicklungshilfe für Europa: Der nach ihr benannte Typ der Bauart 2A und 2B mit einem vorderen Drehgestell und einer beziehungsweise zwei gekuppelten Treibachsen eroberte nun auch die alte Welt, und die ersten Lokomotiven bekamen ein geschlossenes Führerhaus. Damit stand schon gegen Ende des Jahrhunderts die grundsätzliche Form der Dampflokomotive fest. Sie sollte sich zumindest für die Standardbaureihen nicht mehr grundsätzlich ändern.

Der Wirkungsgrad der Lokomotiven wurde durch verschiedene Verbesserungen immer weiter erhöht. Vor allem die Kombination zwischen Heißdampf- und Verbundsystem – bei diesem durchströmt der Dampf erst einen Hoch-, dann einen Niederdruckzylinder – brachte Leistungssteigerung bei geringerem Kohleverbrauch mit sich. Kurz nach der Jahrhundertwende erschienen die ersten Schnellzuglokomotiven der Achsfolge 2'C1' auf den Strecken des Kontinents. Auch sie waren keine europäische Erfindung, sondern wurden von einem Neuseeländer entworfen und über den Pazifischen Ozean verschifft. Die amerikanische Lokomotivfabrik Baldwin soll 1901 die erste dieser Lokomotiven gebaut haben. Wegen der langen Reise des Entwurfs bekam sie den Namen Pacific. Sie wurde in den verbleibenden Jahrzehnten des Dampfbetriebs zur Königin auf Schienen, und es gelang keiner noch so großen und schnellen Bauart, sie von diesem Platz zu verdrängen.

Die bayerische S 3/6 gilt heute unter vielen Eisenbahnfans als die schönste Pacific. Auch der schnellste Dampfer war eine Pacific, aber keine deutsche: Die englische A4-Pacific „Mallard" fuhr den Geschwindigkeitsrekord für Dampflokomotiven. Am 3. Juli 1938 erreichte sie vor einem Zug von 204 Tonnen 202,4 km/h. Spötter verweisen darauf, daß der Rekord in einer Gefällestrecke erzielt wurde. Der deutsche Geschwindigkeitsrekord steht bei 200,4 km/h. Er wurde am 11. Mai 1936 nicht mit einer Pacific, sondern mit Borsigs 05 002, einer 2'C2'-Lokomotive, aufgestellt.

In Deutschland war zu jener Zeit die Entwicklung der Dampflokomotive für zivile Zwecke auf einem Höhepunkt angelangt. Die Baureihe 01 war die berühmteste unter den sogenannten Einheitslokomotiven. Sie entstammte einem Programm, das auf Kompatibilität ganzer Baugruppen für Maschinen der verschiedensten Einsatzgebiete ausgelegt war. Mit diesem Programm wurden für den deutschen Lokomotivbau Maßstäbe gesetzt, die noch heute gelten. Ohne die hätten weder die Deutsche Reichsbahn-Gesellschaft der Zwischenkriegszeit Chancen gehabt, Bilanzgewinne zu erzielen, noch die Deutsche Bahn AG unserer Tage.

Auf die Einheitsloks folgten die Kriegslokomotiven, vereinfachte, für härteste Einsatzbedingungen ausgelegte Maschinen, die während des Zweiten Weltkrieges die Versorgung bis an die Front sicherstellen sollten. Die Geschichte der Dampflok ging trotz der vermeintlichen Blütezeit während des Krieges unaufhaltsam zu Ende. In Deutschland wurden zwar nach dem Krieg noch einige neue Baureihen entwickelt und eingesetzt, aber nennenswerte Erfolge wurden nicht mehr erzielt. Einheitslokomotivprogramme bei E- und Dieselloks machten ihnen langsam aber sicher den Garaus. In England, dem Ursprungsland der Dampflok, hauchte 1968 die letzte Maschine ihr planmäßiges Leben aus. In Westdeutschland gewöhnten sich 1977 die Lokomotiven das Rauchen ab, und in der DDR fuhren Regelspurdampfloks noch bis 1989. ◀

IM BAHNBETRIEBSWERK

Heute ist alles ganz einfach: Nach der Ankunft am Endbahnhof rollt die Lok ins Bw. Dieselloks müssen noch aufgetankt werden, E-Loks fahren gleich aufs Abstellgleis. Dann hat der Lokführer Dienstschluß.

Dampfloks erforderten weitaus mehr Arbeit. Bereits auf den letzten Kilometern verteilte der Heizer das Feuer gleichmäßig auf dem Rost, damit es gut ausbrennt. Rauchkammer- und Aschkastenspritze werden angestellt. Hat die Lok eine stählerne Feuerbüchse, muß das Personal bereits jetzt beginnen, den Dampfdruck gleichmäßig zu senken. Kupferbüchsen sind gegenüber stärkeren Druckschwankungen unempfindlicher. Bei diesen genügt es, auf der Fahrt ins Bw den Druck zu senken.

Im Bw muß das Personal nach der obligatorischen Meldung beim Lokdienstleiter zunächst den Kessel abschlammen. Das Wasser, mit dem die Dampfloks fahren, enthält mehr oder minder starke Verunreinigungen, die dem Kessel arg zusetzen können. Bei den meisten Loks ermöglichten daher Abschlammvorrichtungen dem Personal, an Zwischenstationen den gröbsten Schmutz zu entfernen. Im Bw erfolgt dann die gründliche Reinigung. Nun rollt die Lok unter den Kohlenkran. Mit frischen Vorräten versorgt, erreicht sie anschließend die Löschegrube. In der Rauchkammer sammeln sich kleinste, unverbrannte Kohleteilchen, die vom Luftzug mitgerissen und vom Wasserdampf gelöscht werden. Das Personal öffnet die Rauchkammertür und entfernt die Rückstände. „Lösche ziehen“, nennt man das in der Fachsprache.

Oben: *Im Januar 1959 entstand die Aufnahme des Bw Osnabrück Hbf. In der Mitte liegt die Drehscheibe, die zu den Ständen des Ringlokschuppens führt. Dahinter finden sich die Besandungs- und Bekohlungsanlagen.*

Rechts: *Großbekohlungsanlage mit Bunker und Kran.*

Auch auf dem Rost sammeln sich Rückstände, die in mühevoller Handarbeit beseitigt werden müssen. Wie auch bei den Verbrennungsresten, die in den Aschkasten fallen, ist ihr Volumen einerseits von der Kohlenqualität, andererseits von der Feuerungstechnik des Heizers abhängig. Während der Reinigung des Rostes ergänzt das Personal zumeist den Öl- und den Wasservorrat. Nachdem sie die Besandungsanlage passiert hat, fährt die Lok zum Entschlacken. Hierbei wird der Aschkasten geleert. Damit sind jene Arbeiten erledigt, die unter freiem Himmel stattfinden. Die Lok fährt zur Drehscheibe, um schließlich Tender voraus in den Schuppen zu rollen.

Ruhefeuer anlegen

Im Schuppen bereitet der Heizer das Ruhefeuer vor. Hier muß man wieder zwischen Kupfer- und Stahlfeuerbüchsen unterscheiden. Kupferne Feuerbüchsen geben sich mit vor die Rohrwand geschobener glühender Kohle zufrieden. Nur bei kurzen Ruhezeiten legt der Heizer brennende Kohle vor die Rohrwand. Die empfindlicheren Stahlfeuerbüchsen benötigen ein sogenanntes Ringfeuer. Das bedeutet, daß neben der Rohrwand auch die Seitenwände und die Feuerbüchsrückwand mit brennender Kohle bedeckt sind. Bei kurzer Ruhezeit muß auf der ganzen Rostfläche Kohle brennen. Bedarfsweise ölt der Heizer noch Schmierstellen, ergänzt fehlende Ausrüstungsgegenstände und zieht die Schmierdochte, die erst kurz vor Fahrtbeginn wieder eingesetzt werden. Schließlich reinigt er den Tenderumlauf, das Führerhaus, Ölkannen und Werkzeuge und räumt ordnungsgemäß auf.

Der Lokführer entwässert unterdessen die Bremseinrichtungen und prüft den technischen Zustand der Lokomotive. Bremsklötze, Lager, Rost, Feuerschirm, Feuerbüchswände, Feuerbüchsdecke, Funktionstüchtigkeit von Spurkranzschmierung und Tenderwasserstandsanzeiger müssen regelmäßig kontrolliert, kleinere Schäden vom Lokpersonal behoben werden. Besonders das Triebwerk und die Bremsen bedürfen regelmäßiger Kontrolle. Mit dem Hammer untersucht der Lokführer, ob alle Teile sicher und fest sitzen. Früher konnten Bahnreisende oft auf Zwischenstationen zuschauen, wie Stangen und Lager auf Herz und Nieren geprüft wurden.

Rechts: *Diese 001 rollt im Bw Hof zum Wasserkran. Während des Wassernehmens wird meist der Rost ausgeschlackt.*

Unten: *Ruhepause für die Dampflokomotiven im Schuppen.*

Endlich Feierabend

Mängel, die das Lokpersonal nicht selbst beheben konnte, mußten der Werkstatt gemeldet werden. Dem Lokführer oblag es, nach erfolgter Instandsetzung zu prüfen, ob die Mechaniker alles richtig gemacht hatten. Mit angelegter Handbremse steht die Maschine schließlich unter dem Rauchabzug des Lokschuppens. Der Heizer prüft noch, ob die Wasserstandseinrichtungen und die Kesselsicherheitsventile zuverlässig arbeiten. Dann endlich kann sich das Dampflokpersonal auf den verdienten Feierabend freuen.

Weder der geringe Wirkungsgrad der Dampfmaschine, der durchaus hätte gesteigert werden können, noch die vermeintlich geringen Geschwindigkeiten machten der Dampftraktion den Garaus. Vielmehr sorgte der für Betrieb und Instandhaltung nötige hohe Personalaufwand dafür, daß die Dampflok wirtschaftlich mit E- und Dieselloks nicht mithalten konnte. Immerhin verringerte allein die Einsparung des Heizers die Personalkosten um fast die Hälfte. ◀

DIE ZEIT DER LÄNDERBAHN

Unter dem Beifall Tausender Eisenbahnbegeisterter dampfte am 7. Dezember 1835 der „Adler“ mit seinen postkutschenähnlichen Wägelchen erstmals von Nürnberg nach Fürth. Man freute sich, daß mit der neuen Eisenbahn der frische Wind der großen weiten Welt auch im Nürnberger Land wehte. Den Anschluß in aller Herren Ländern vermochte das gerade mal sechs Kilometer lange Bähnchen freilich nicht zu vermitteln. Die Planungen dafür lagen aber in den Schubladen – zumindest in denen des Nationalökonomen Friedrich List.

Der umtriebige Handwerkersohn aus Reutlingen forderte als Abgeordneter des württembergischen Landtags bereits 1820 demokratische Verwaltungsreformen und den Wegfall der Zölle innerhalb des Deutschen Bundes. Sein progressives, fast revolutionäres Auftreten war den Konservativen in Staat und Politik aber bald ein Dorn im Auge. Wegen „demagogischer Umtriebe“ endete seine politische Karriere zunächst in Festungshaft auf dem Hohen Asperg bei Ludwigsburg. Mit der Verpflichtung, ins Amerikanische Exil zu gehen, konnte List 1825 vorzeitig die berüchtigte Haftanstalt verlassen.

Voller neuer Ideen aus seinen Studien amerikanischer Bahnen, politisch aber keinesfalls geläutert, kehrte List 1832 nach Deutschland zurück. Kurze Zeit darauf formulierte er seine richtungsweisenden Vorstellungen eines mitteleuropäischen Eisenbahnnetzes, das in seinen Grundzügen allerdings erst in der zweiten Hälfte des 19. Jahrhunderts vollendet sein sollte. List selbst wirkte als Berater am Bau der ersten deutschen Fernbahn von Leipzig nach Dresden mit. Am 24. April 1837 rollte der erste Zug von Leipzig nach Althen, knapp zwei Jahre später war am 7. April die letzte Lücke in der Verbindung nach Dresden geschlossen. Zu dieser Zeit hatte List, dessen Gedanken im Deutschland des Vormärz auf wenig Widerhall stießen, Sachsen schon wieder verlassen.

In den Folgejahren entstanden immer neue Eisenbahnen, großteils in privater Initiative. Ab etwa 1840 begannen sich die zunächst isolierten Linien zu Netzen zu ergänzen. Von 1840 bis 1850 stieg die gesamte Streckenlänge in Deutschland von gut 500 auf rund 6000 Kilometer. Bis zum Beginn des Ersten Weltkrieges wuchs die Länge aller deutschen Schienenstränge abermals um den Faktor Zehn.

Nach dem Deutsch-Französischen Krieg 1870/71 und der deutschen Vereinigung begann eine Welle der Verstaatlichung. Die in dieser Zeit entstandenen preußischen Staatsbahnen übernahmen kleine, kränkelnde, aber auch auf sicheren Beinen stehende Gesellschaften. 1914 verwaltete der preußische Staat schließlich 70 Prozent des deutschen Eisenbahnnetzes. Die restlichen 30 Prozent teilten sich die Länderbahnen in Bayern, Sachsen, Württemberg, Baden, Mecklenburg und Oldenburg, die dem Reich unterstehende Bahn des 1871 annektierten Elsaß-Lothringen sowie einige Privatbahnen.

Nunmehr auf der Höhe ihres Erfolgs angekommen, sollte den Länderbahnen allerdings keine große Zukunft mehr beschieden sein. Der Erste Weltkrieg besiegelte schließlich die vielleicht erfolgreichste Epoche deutscher Eisenbahnen. Am 1. April 1920 gingen die Länderbahnen in der neugegründeten Deutschen Reichsbahn auf. Einzig die seit 1918 nicht mehr königlichen Bayerischen Staatsbahnen genossen noch bis zur Gründung der Deutschen Reichsbahn-Gesellschaft 1924 den Sonderstatus der Gruppenverwaltung Bayern innerhalb der Deutschen Reichsbahn.

Länderbahnlokomotiven

Größtes Handicap der ersten als Patentee-Bauart bezeichneten Dampfloks, der auch der „Adler“ entstammte, war ihre geringe Kesselleistung. Kurzerhand verlängerte man den Dampfspender um einen Schuß. Schöner wurden die Maschinen dadurch zwar nicht, aber ihre Leistung stieg beträchtlich. Die ersten dieser Longboiler-(Langkessel-)Maschinen tauchten 1842 in Deutschland zunächst mit der Patentee-Achsfolge 1A1 auf. Später setzte sich bei den Loks die Achsfolge 1B durch. 1843 gab es den ersten Longboiler mit drei gekuppelten Achsen.

Das Problem der Longboiler, ihr großer Überhang, der Nick- und Schlingerbewegungen der Lok begünstigte, blieb. Neue Perspektiven für den Schnellverkehr boten die eleganten, von Thomas Russel Crampton 1846 entwickelten Schnellzugloks mit tief liegendem Kessel. Deren niedriger Schwerpunkt wurde dadurch möglich, daß die Treibachse bis hinter den Stehkessel rückte und lediglich zwei oder drei Laufachsen den Langkessel trugen. Die großrädrigen Maschinen zeichneten sich zwar durch eine überragende Laufruhe aus, ihre Zugkraft war aber wegen der gering belasteten Treibachse bescheiden. Die Cramptons waren in Baden, bei der bayerischen Ostbahn und vor allem bei der Pfalzbahn überaus beliebt, ihre Entwicklung wies aber in eine Sackgasse – sie blieben eine Episode.

Württemberg geht eigene Wege

Während Fachleute über das Für und Wider der Crampton- und Longboiler-Maschinen stritten, entstand in Württemberg speziell für die Geislinger Steige 1847 die Alb-Klasse, eine schwere dreifach gekuppelte, laufachslose Maschine, die zum Stammvater aller Güterzuglokomotiven, aber auch der kleinen Lokalbahnmaschinen werden sollte. Württemberg ging im Lokomotivbau aber schon früher eigene Wege und schaute beizeiten über den großen Teich. Die Lok, die 1845 den ersten Zug von Cannstatt nach Untertürkheim zog, kam von Baldwin in den USA und hatte die ungewöhnliche Achsfolge 2'B. Die neue Bauart setzte sich in ganz Deutschland durch. Einzig Württemberg selbst tat 1868 einen fatalen Schritt zurück. Unter Heinrich Brockmann glaubten die Königlich Württembergischen Staatseisenbahnen, die längst überkommene Longboiler-Mode nachholen zu müssen.

Nach dem Sieg im Deutsch-Französischen Krieg 1870/71 hatten auch die Lokomotivbauer wieder Konjunktur. 1874 erhielt der Schweizer Ingenieur Anatole Mallet ein Patent auf die von ihm entwickelte Verbundlok, die später vor allem im süddeutschen Lokomotivbau Triumphe feierte.

Kurz vor der Jahrhundertwende erreichte die einst als Amerikanerlok apostrophierte Bauart mit fest im Hauptrahmen gelagerten Kuppelachsen und zusätzlichen Laufachsen mit den Atlantics ihren vorläufigen Höhepunkt. Der Thron des Lokbaus gebührt aber den süddeutschen Länderbahn-Pacifics – der Württemberger C, der badischen IV h und der bayerischen S 3/6 –, die zusätzlich zum Verbundprinzip mit vier Zylindern auch mit Heißdampf arbeiteten. Nur wenigen der späteren Einheitsloks gelang es, an die Leistung der Länderbahn-Pacifics heranzureichen.

Die Bezeichnungen

Statt schnöder Nummern oder kryptischer Buchstabenkürzel trugen die Lokomotiven in der Eisenbahnfrühzeit oft martialische, manchmal für das Lokpersonal unaussprechliche Namen. Mit der steigenden Vielfalt ihres Fuhrparks führten die Gesellschaften unterschiedliche Arten der Bezeichnung ein. Zunächst ergänzten Gattungskürzel die nach wie vor überaus beliebten Namen. Preußen führte für seine Loks 1880 Reihennummern ein, änderte aber bis 1906 bei allen Loks die Bezeichnung in das bekannte Schema. Die Gattungsbezeichnung definierte die Lok als Schnellzug- (S), Personenzug- (P), Güterzug- (G) oder Tenderlok (T), eine arabische Ziffer legte die Bauart fest und eine hochgestellte arabische Ziffer die Unterbauart. Lokomotiven einer Gattung trugen unterschiedliche Nummern und den Namen ihres Direktionsbezirks.

Bayern bezeichnete seine Loks nach der Anzahl der gekuppelten Achsen mit Großbuchstaben. Maschinen mit einer Kuppelachse erhielten ein A, Loks mit zwei Kuppelachsen ein B, solche mit drei Achsen ein C. Vierkuppler bekamen nicht ganz korrekt die Bezeichnung E zugewiesen, weil der Buchstabe D von den Tenderloks belegt war. Seit 1903 unterschied Bayern die Gattungen seiner Loks, ähnlich wie in Preußen, mit Großbuchstaben, gab zusätzlich aber das Verhältnis zwischen gekuppelten Achsen und der Gesamtzahl der Achsen als Bruch an, beispielsweise S 3/6. Zusätzlich trugen die Lokomotiven in beiden Bezeichnungsschemata anfangs Namen, später durchlaufende Inventarnummern.

Württemberg ordnete seine Loks zunächst nach Großbuchstaben, allerdings ohne erkennbares System. Gegen Ende der Länderbahnzeit übernahm Württemberg das preußische Schema.

Die Pfalzbahn orientierte sich ebenfalls am preußischen Schema, kennzeichnete die Unterbauarten aber mit römischen Zahlzeichen. Zudem trugen fast alle Pfalzbahnloks Namen. Erst als das Ende der rührigen Privatbahn nahte, bekamen die Loks simple Nummern, die sie auch noch zu Zeiten der Königlich Bayerischen Staatseisenbahnen trugen.

Die heute noch übliche Bauartbezeichnung einer Lokomotive anhand der Achsfolge, bei der die angetriebenen Achsen in alphabetischer Reihung mit Großbuchstaben bezeichnet werden und die Laufachsen entsprechend ihrer Anzahl mit arabischen Ziffern, entstammt einer Vereinbarung des Vereins Deutscher Eisenbahn-Verwaltungen. Ein zusätzliches Apostroph hinter einer Lauf- oder Kuppelradsatzfolge zeigte, daß diese Radsätze im Hauptrahmen beweglich gelagert waren.

Der Nummernplan von 1925:

Schnellzuglokomotiven	**01 – 19**
Personenzuglokomotiven	**20 – 39**
Güterzuglokomotiven	**40 – 59**
Schnell- und Personenzugtenderloks	**60 – 79**
Güterzugtenderloks	**80 – 96**
Zahnradloks	**97**
Lokalbahnloks	**98**
Schmalspurloks	**99**

Konnten sich ganze Fahrwerksgruppen innerhalb des Hauptrahmens auf den Bogenlauf einstellen, stand dieser Fahrwerksteil in einer Klammer. Bei Gelenklokomotiven ohne durchgehenden Hauptrahmen verbindet ein „+“ die einzelnen Fahrwerksbezeichnungen. Die Bauartbezeichnung wird ergänzt durch die Dampfart, Heiß- (h) oder Naßdampf (n), die Anzahl der Zylinder und schließlich durch die Art der Dampfdehnung (v bei Verbundlokomotiven).

Die Deutsche Reichsbahn schließlich führte die Betriebsnummer ein, die sich aus der zweistelligen Stammnummer und der drei- oder vierstelligen Ordnungsnummer zusammensetzt. Die Stammnummer, kombiniert mit der ersten oder den ersten beiden Stellen der Ordnungsnummer, ergab die Baureihe, z.B. 75.0 oder 01.10. ◀

***Oben:** Der Meister und sein Gehilfe warten auf dem Führerstand der 78 327 auf neue Arbeit. Mit der ab 1912 gebauten Gattung T 18 gelang den preußischen Lokbauern eine überaus schöne Lokomotive.*

BAUREIHE 78 – LANGLEBIGE PREUSSIN

Ausgesprochene Schönheiten waren preußische Loks eigentlich nie. Daß es auch anders geht, bewiesen Preußens Lokomotivtechniker 1912. Mit eleganten, harmonischen Formen, die fast an Loks Maffeischer Provenienz erinnerten, rollte nach kaum einem Jahr Bauzeit die erste T 18 aus den Hallen der Stettiner Vulcan. Schönheit und Eleganz der T 18 kamen nicht von ungefähr. Nach Jahren sparsamen Lokbaus unter der Ägide Robert Garbe begann mit der T 18 eine Ära von Lokomotiven, die in jeder Hinsicht die in sie gesetzten Erwartungen erfüllten.

Nach Aufnahme des Trajektverkehrs von Saßnitz auf Rügen ins schwedische Trelleborg wuchsen die Zuglasten deutlich. Die im schweren Schnellzugdienst und auf den Rampen zu den Fähranlegern eingesetzten Tendermaschinen vom Typ T 12 waren bald überfordert. Ähnliches war von der T 10 zu hören, ebenfalls eine von Garbe unter minimalistischen Gesichtspunkten entworfene Maschine, die im schweren Schnellzugdienst zwischen Frankfurt und Wiesbaden an den Grenzen ihrer Leistungsfähigkeit lief. Abhilfe für die Misere im Rhein-Main-Gebiet und an den Rügenschen Fähranlegern bot die bereits unter Garbes Nachfolger Hinrich Lübken entworfene T 18.

Erwartungen erfüllt

Die für preußische Verhältnisse relativ großen Tenderloks übertrafen die an sie gestellten Forderungen bei weitem, und nachdem die dreifach gekuppelte Tenderlok mit ihren beiden zweiachsigen Laufgestellen ihre Kinderkrankheiten auskuriert hatte, war sie sogar der vielgelobten P 8 in fast allen Bereichen überlegen. Grund genug, die T 18 bis 1927 weiter zu beschaffen. Nach Lieferungen an die Königlich Württembergischen Staatseisenbahnen und die

Reichseisenbahnen Elsaß-Lothringen rollten die letzten Maschinen bereits im schwarzen Einheitslack und mit neuer Reichsbahnnummer 78 aus den Fabrikhallen. Die Reichsbahn übernahm 458 Maschinen aus Preußen, eine aus Elsaß-Lothringen und 20 aus Württemberg. Weitere Loks der Saarbahnen und der Eutin-Lübecker-Eisenbahn (ELE) ergänzten im Lauf der Jahre den Reichsbahnbestand.

Auch nach dem Zweiten Weltkrieg war die 78 unverzichtbar. Im Bundesbahnbestand liefen noch 424 ehemalige T 18, und die Reichsbahn setzte 53 Maschinen der Baureihe 78 ein. Bei der DB hielt sich die T 18 länger als manche Neubaudampflok. Am 30. Dezember 1974 beendete die 78 246 als letzte ihrer Gattung ihre Laufbahn beim Bw Rottweil. In der DDR beschloß die 78 425 beim Bw Pasewalk die aktive Zeit der T 18. Ähnlich lang wie in beiden deutschen Staaten hielt sich die T 18 in Frankreich. Von den 27 für die Reichseisenbahnen Elsaß-Lothringen gelieferten Loks blieben 26 in Frankreich. Als letzte Maschine schied die 232 TC 423 am 27. Dezember 1966 beim Depot Ile Napoleon in Mulhouse aus dem SNCF-Bestand.

Die Märklin-Modelle

Die T 18 als Bundesbahnlok 78 355 (3106) war ein Pionier der besonderen Art im Märklin-Programm. Mit ihr wandte man in Göppingen 1981 erstmals die mit der 03 im Jahr 1973 eingeführten Standards der Schlepptenderloks auch für eine Tenderlok an. Wie bei den meisten großen Maschinen der letzten Jahre fertigte Märklin Rauchkammer und Langkessel der T 18 aus Metall; Führerhaus und Wasserkästen sowie die zahlreichen separat angesetzten Details wie Pumpen und Griffstangen waren aus Kunststoff. Der Standardmotor mit Trommel-

***Oben:** An einem trüben Wintersonntag im Januar 1966 erhält die 78 025 mit ihrem Güterzug von Münster nach Coesfeld Ausfahrt in Havixbeck.*

Rechts: *Zu den letzten betriebsfähigen Loks der Baureihe 78 zählte die 78 246, aufgenommen im November 1973 in Horb.*

Unten: *Mit zwei Pärchen dreiachsiger Umbauwagen ist am 12. August 1970 die Rottweiler 078 323 in der Nähe ihrer Heimat unterwegs.*

kollektor treibt über ein Stirnradgetriebe die hintere Kuppelachse an, die wiederum ihr Drehmoment über Zahnräder auf die beiden anderen Achsen überträgt. Das Modell hat beidseitig ein beleuchtetes Dreilichtspitzensignal. Mit geringfügigen Änderungen blieb die Lok bis 1991 im Programm. Als Hamo-Variante (8306) wurde das Modell nur 1982 gefertigt.

1984 stellte Märklin der DB-Maschine eine als 232 TC 414 beschriftete französische Lok zur Seite (3107). Im Vergleich zur DB-78 gestaltete Märklin den Bereich der Rauchkammer, das Führerhausdach und den Kohlenkasten völlig neu, was der Lok, die jetzt nurmehr zwei beleuchtete Stirnlampen je Seite hatte, ein völlig anderes Gepräge verlieh. Während die Hamo-Lok (8307) lediglich 1984 angeboten wurde, blieb das Modell für das Märklin-System bis 1987 im Sortiment.

Die gleiche Lok, allerdings patiniert und mit der Betriebsnummer 232 TC 423 versehen, legte Märklin 1986 in einer exklusiven Sonderserie auf (3117). Die Lok wurde mit einem mahagonifarbenen Holzsockel geliefert, auf dem

Technische Daten Baureihe 78

Bauart	2'C2'h2
Beschaffungszeit	1912 – 1927
Gesamtserie	544 Exemplare
Länge über Puffer	14.800 mm
Treibraddurchmesser	1650 mm
Dienstmasse	106,0 t
Achslast	17,1 t
Höchstgeschwindigkeit	100 km/h
Leistung	1140 PS
Ausmusterung	DB 1974; DR 1972

ein ebenfalls patiniertes K-Gleisstück montiert war, und an dessen Seite ein aus Messing geätzter Märklin-Schriftzug prangte.

Ab 1987 fertigte Märklin die T 18 in der dezenten grün-schwarz-roten preußischen Ursprungsausführung mit der Bahnnummer 8401 (3109), die bis auf die Lackierung und die Ausführung der Stirnlampen dem französischen Pendant entsprach. Erstmals lieferte Märklin eine T 18 auch serienmäßig mit Digitaldecoder (3609). Während 1991 die 8402 mit elektronischem Fahrtrichtungsschalter (3305) das Modell mit mechanischem Relais (3109) ersetzte, blieb die Digitalversion, die ab 1990 mit einer Kurzkupplung ausgestattet war, bis 1992 im Programm. Die Lok mit elektronischem Fahrtrichtungsschalter verschwand 1994 von den Katalogseiten.

Als zweite Länderbahnversion präsentierte Märklin 1989 die Württemberger T 18 mit der Nummer 1127 auf der Basis der Gehäusevariante des preußischen Modells, allerdings mit einer deutlich kräftigeren Lackierung in den Farben Grün, Rot und Schwarz. Als erste T 18 lieferte man die württembergische Maschine mit schwarzvernickelten Radsätzen aus. Die Lok mit elektronischem Fahrtrichtungsschalter (3307) war bis 1994 lieferbar, die Version mit Digitaldecoder (3607) bis 1992.

Digitale Hochleistung

Nachdem Märklin die DB-78 bislang im Zustand der fünfziger und frühen sechziger Jahre produzierte, erhielt 1991 die Neuauflage der Lok mit elektronisch gesteuertem Fahrtrichtungsrelais Anschriften der 078 235 (3306), wie sie bis Anfang der siebziger Jahre bei der DB lief. Die Lok war, ab 1993 auch als Hamo-Version, bis 1995 im Programm. Nach den Länder- und Bundesbahnvarianten der T 18 erschien 1993 ein Modell der Maschine in schwarzer Reichsbahnausführung für den Hamburger Stadt- und Vorortverkehr. Für die 78 031 verwendete Märklin wiederum den Aufbau der Länderbahntypen. Die Lok blieb als Version mit elektronischem Fahrtrichtungsschalter (3303) und erstmals auch mit dem digitalen Hochleistungsantrieb (3703) bis 1996 im Programm.

Als Ergänzung zu den mittlerweile zahlreichen Märklin-Museums-Wagen, vornehmlich nach württembergischen Vorbildern, fertigte Märklin 1994 als Sonderserie für die MHI eine württembergische T 18 mit der fiktiven Bahnnummer 1994 (83307). Die als Museumslokomotive apostrophierte Lok war im grauschwarzen Fotografieranstrich gehalten und als bislang einzige T 18 mit einem Delta-Modul ausgerüstet.

Oben: *Nebenbahnidylle mit der Märklin-78 und dreiachsigen Umbauwagen.*

***Oben:** Nicht auf der Berliner Stadtbahn, sondern in Wuppertal-Oberbarmen entstand im Mai 1935 diese Aufnahme. Sie zeigt den Personenzug 1079, gezogen von der 74 849.*

BAUREIHE 74 – NICHT NUR IN BERLIN ZUHAUSE

Eine ausgesprochene Schönheit war die T 12 nicht. Mit diesem Anspruch sind preußische Dampfer auch nicht angetreten. Sie sollten nach dem Willen von Robert Garbe leistungsfähig, sparsam und vor allem zweckmäßig sein. Prädikate, die uneingeschränkt auf die T 12 zutreffen.

Um die Jahrhundertwende benötigten die Staatsbahnen eine leistungsfähige Tenderlok, die mit einem Personenzug 65 km/h Reisegeschwindigkeit schaffte. Getreu dem Gebot preußischer Sparsamkeit entwickelten die Ingenieure die bewährte T 9.3 weiter. Als wirkungsvolle Maßnahme, die Wirtschaftlichkeit weiter zu erhöhen, bot sich die gerade zu dieser Zeit erstmals auch für Lokomotiven nutzbare Dampfüberhitzung an. Auf diese Weise entstand 1902 aus der T 9.3 die größere und leistungsfähigere T 12 mit Heißdampftriebwerk. Man schenkte der neuartigen Technik zunächst aber offenbar wenig Vertrauen und baute vorerst nur vier Exemplare der T 12. Der Siegeszug der gerade von Garbe propagierten Heißdampfloks war aber nicht aufzuhalten.

Auf der Berliner Stadt-, Ring- und Vorortbahn hatten die vier Vorserien-T 12 bewiesen, was in ihnen steckt. Besonders die dank der Heißdampftechnik erzielte Wasserersparnis machte sich bemerkbar. 1905 begann Borsig,

Technische Daten Baureihe 74

Bauart	1'Ch2
Beschaffungszeit	1902 – 1921
Gesamtserie	980 Exemplare
Länge über Puffer	11.800 mm
Treibraddurchmesser	1500 mm
Dienstmasse	67,2 t
Achslast	14,6 t
Höchstgeschwindigkeit	80 km/h
Leistung	870 PS
Ausmusterung	1968

die T 12 in großem Stil zu fertigen. Bis 1916 lieferten die Lokfabriken insgesamt 929 Maschinen. 16 Eisenbahndirektionen setzten die T 12 ein, 507 Lokomotiven fuhren allein im Bezirk Berlin. Zug um Zug übernahmen sie sämtliche Dienste auf der Stadt-, Ring- und Vorortbahn.

Kriegsverluste und Reparationslieferungen dezimierten zwar den T 12-Bestand, aber zusammen mit den 1921 für Berlin nachgelieferten 40 Loks übernahm die Reichsbahn immerhin 899 Maschinen der Baureihe 74.4-13. Drei davon standen einst in Diensten der Reichseisenbahnen Elsaß-Lothringen. Im Lauf der Jahre gesellten sich zu den Maschinen weitere zehn Loks der Saarbahnen sowie der Bestand der verstaatlichten Lübeck-Büchener Eisenbahn mit elf Loks, die teilweise sogar eine Stromlinienverkleidung hatten.

Längst beschränkten sich die T 12 nicht mehr auf die angestammten preußischen und hessischen Strecken. Die Maschinen der Baureihe 74.4 bewährten sich im Stuttgarter Vorortverkehr genauso wie auf bayerischen Lokalbahnen. Auch nach dem Zweiten Weltkrieg waren die ehemaligen Berliner Stadtbahnmaschinen in beiden deutschen Staaten unverzichtbar. Die Bundesbahn musterte die letzte 74 erst 1968 beim Bw Düren aus.

Die Märklin-Modelle

Die Märklin-P 8 von 1967 gab den Standard vor, 1968 folgte die T 12 als Bundesbahnmaschine 74 1070 (3095) mit einer ähnlich feingravierten Spritzgußform für das Kunststoffgehäuse. Neben den Anschlüssen für den Turbogenerator auf dem Kesselscheitel bildete Märklin auch das Gestänge der Sicherheitsventile freistehend nach; der Kohlenkasten ist als separates Teil an der Führerhausrückwand eingeklipst. Eine komplette Neukonstruktion war die T 12 aber dennoch nicht. Dank ähnlicher Abmessungen konnte Märklin das Fahrwerk der Baureihe 24 (3003) mit geringfügigen Änderungen auch für die preußische Tenderlok verwenden. Lediglich die vorderen Trittstufen wichen einem quer vor der Laufachse angeordneten Luftbehälter, und den Zapfen für die Tenderkupplung unter dem Führerhaus ersetzte eine gewöhnliche Märklin-Relex-Kupplung. Von kaum jemandem bemerkt, änderte Märklin

bereits 1969 die ursprüngliche Betriebsnummer der Lok in 74 701. Seit dieser Zeit hielt sich das Modell praktisch unverändert im Programm.

1978 gesellte sich mit der Betriebsnummer 96.002 die belgische Version der T 12 im grünschwarzen Farbkleid (3103) zur DB-74. Das nur in geringer Stückzahl gefertigte Modell gehört heute zu den besonders gesuchten Märklin-Loks. Ebenfalls als Sonderserie des Exportprogramms bereicherte 1984 die völlig in Schwarz gehaltene 674.498 der Österreichischen Bundesbahnen (ÖBB) die Palette der T 12-Varianten. Nach all den Modellen europäischer Staatsbahnen begann Märklin 1994, die T 12 auch in der preußischen Ursprungsausführung mit der Bahnnummer Berlin 7896 zu fertigen.

Speziell für eine Startpackung der Firma SMDV änderte Märklin die Betriebsnummer der DB-74 abermals. Als 74 690 bezeichnet, rollte die T 12 mit Delta-Modul 1997 zu den SMDV-Kunden. Für die C-Gleis-Startpackung 29175 entwarf Märklin 1998 ein neuartiges blau-schwarzes Farbschema, das an Lokomotiven der bayerischen Tegernseebahn erinnert. Ein Delta-Modul macht die blau-schwarze T 12 auf Wunsch digitaltauglich.

***Oben:** Im Jahr 1994 brachte Märklin die T 12 in der preußischen Ursprungsausführung auf den Markt.*

***Unten:** Bereits im Jahr 1968 kam die 74 1070 in Ausführung der Deutschen Bundesbahn in das Sortiment.*

ZWEI SONDERLINGE: DIE T 8 UND DIE KLVM

Preußische Lokfabriken hatten sich um die Jahrhundertwende mit der Konstruktion erfolgreicher Tendermaschinen einen Namen gemacht. Was aber fehlte, war eine leistungsfähige Lok für Nebenbahnen als Ersatz für die in die Jahre gekommene T 3. 1904 präsentierte Robert Garbe, Lokomotivdezernent der preußisch-hessischen Staatsbahnen, den Entwurf der dreifach gekuppelten T 8, die das Erbe der T 3 antreten sollte. Bereits 1906 stand die erste T 8 auf den Gleisen und demonstrierte bei Vergleichsfahrten mit ihren ärgsten Konkurrenten T 3 und T 9.3 ihre Leistungsfähigkeit und Wirtschaftlichkeit.

Die guten Resultate bewogen die Verantwortlichen, die ersten 23 Maschinen ab 1908 im schweren Personenzugdienst auf dem Berliner Nordring einzusetzen. Mit den Pendlerzügen am Haken offenbarte die Konstruktion aber schnell ihre Schwächen. Bei Geschwindigkeiten um Tempo 60 nickte und schlingerte die dreifach gekuppelte Tenderlok wegen der großen Überhänge erbärmlich. Der Einsatz der T 8 im Berliner Nahverkehr blieb deswegen eine Episode. Noch vor dem ersten Weltkrieg gab Berlin die Maschinen an andere Direktionen ab. Dort gelang es ihnen allerdings nicht, die kleine T 3 aus ihren angestammten Revieren zu verdrängen; die solide Konstruktion der T 8 war für sparsam gebaute preußische Neben- und Kleinbahnen schlicht eine Nummer zu groß. Nach einer Odyssee durch zahlreiche preußische Direktionen fanden die letztlich beschafften 100 Loks ihre Bestimmung schließlich im schweren Verschiebedienst und vor Nahgüterzügen.

Die Deutsche Reichsbahn übernahm 80 Maschinen, von denen 78 als Baureihe 89.0 im endgültigen Nummernplan von 1925 erschienen. Wenig später rollten die T 8 dann aufs Abstellgleis. Vermutlich 37 Loks erhielten noch Reichsbahn-Nummernschilder. Einzig die 89 066 (Märklin-Modell 3104) erlebte als Werkslok des Ausbesserungswerkes Schwerte noch die Bundesbahnzeit; sie verschwand 1964 aus dem DB-Bestand.

Mehrere der leistungsstarken Loks fanden in den zwanziger Jahren bei Privatbahnen ein neues Zuhause. 1926 übernahm die Mecklenburgische Friedrich-Wilhelm-Eisenbahn (MFWE) die Loks 89 001 und 89 039. Die 89 006 und 89 065 verdingten sich von 1928 an bei der Braunschweigischen Landes-Eisenbahn und kamen kurze Zeit später zur Lokalbahn Aktiengesellschaft München (LAG). Ab 1930 setzte die rührige Privatbahn die beiden Loks auf der oberschwäbischen Strecke von Niederbiegen nach Weingarten vor Güterzügen ein. Als 1938 zunächst die LAG, 1941 auch die MFWE verstaatlicht wurden, kehrten die vier T 8 wieder in den Reichsbahnbestand zurück. Da die Nummern 89 001 bis 89 010 mittlerweile von den kleinen Einheitsloks (Märklin-Modelle 3000, 3028) belegt waren, bekamen die LAG-Maschinen die Nummern 89 1001 und 89 1002 und die mecklenburgischen die Bezeichnungen 89 1003 und 89 1004. Die 89 1003 verdiente nach 1945 bis 1953 ihr Gnadenbrot bei der Westfälischen Landeseisenbahn (WLE).

Die Märklin-Modelle

Nach den Erfolgen der einfach, aber überaus gefällig konstruierten Tenderloks bay. R 3/3 und KLVM entwickelte Märklin für das Modelljahr 1980 eine dritte preiswerte Einsteigerlok mit den gleichen konstruktiven Merk-

Technische Daten Baureihe 89.0 (pr. T 8)

Bauart	Ch2
Beschaffungszeit	1906 – 1909
Gesamtserie	100 Exemplare
Länge über Puffer	9460 mm
Treibraddurchmesser	1350 mm
Dienstmasse	45,6 t
Achslast	15,5 t
Höchstgeschwindigkeit	60 km/h
Leistung	285 PS
Ausmusterung	DB um 1964; DR 1965

malen: die preußische T 8 in DB-Ausführung mit der Betriebsnummer 89 066 (3104). Zwei Rastnasen fixierten das fein gearbeitete Kunststoffgehäuse auf dem rotlackierten Fahrwerk aus Zinkdruckguß. Der Standardmotor mit Trommelkollektor wirkt über ein Stirnradgetriebe lediglich auf die hintere Kuppelachse. Dennoch entwickelt die 89 066 dank ihres schweren Zinkdruckgußrahmens eine erstaunliche Zugkraft. Nur ein einziges Mal erfuhr die Lok eine kleine Änderung: Bereits kurz nach der Premiere ersetzte Märklin die langen Puffer durch eine kürzere Variante.

Der preußischen T 8 war nur eine kurze Zeit im Märklin-Programm vergönnt, schon 1986 verschwand die attraktive Nebenbahnmaschine wieder aus dem Sortiment. Ab 1988 verwendete Märklin das Fahrwerk der Lok mit einem deutlich schnelleren Getriebe für die innovative, aber glücklose Alpha-Bahn.

KLVM – kleine Lok von Märklin

Unübersehbar prangt der Schriftzug KLVM an ihren Führerhausseiten. Aber selbst einschlägige Lexika des Eisenbahnwesens schweigen sich darüber aus, welche Bahnverwaltung hinter diesem Kürzel steckt. Märklin hat das Rätsel bis heute nicht offiziell gelöst. Aus gut informierten Kreisen war aber zu hören, KLVM heiße nichts anderes als „kleine Lok von Märklin". Doch wer jetzt meint, die kleinen Maschinchen mit dem dicken Kobelschornstein hätten kein richtiges Vorbild, der irrt. Bereits die K.k. Staatsbahnen der Donaumonarchie Österreich-Ungarn beschafften die kräftigen Tenderloks, die sich vor Personenzügen und im Verschiebedienst verdingten. Noch heute sind bei den Österreichischen Bundesbahnen (ÖBB) und den tschechischen Bahnen CD Maschinen der Baureihen 178 (ÖBB) und 422 (CD) museal erhalten. Im Gegensatz zum Märklin-Modell rollen die Vorbilder aber auf einem Fahrwerk mit vier angetriebenen Achsen.

Technische Daten KLVM (ÖBB-Reihe 178)

Bauart	Dn2vt
Beschaffungszeit	1898 – 1924
Gesamtserie	ca. 230 Exemplare
Länge über Puffer	9358 mm
Treibraddurchmesser	1140 mm
Dienstmasse	46/52 t
Achslast	11,5/13 t
Höchstgeschwindigkeit	50 km/h
Leistung	520 PS
Ausmusterung	1970

***Oben:** Die „kleine Lok von Märklin" (KLVM) entstand weitestgehend nach Vorbild der österreichischen Reihe 178.*

Trotz der fehlenden Achse, die Märklin wohl aus Kostengründen wegließ, vermittelten die Dreiachser mit ihrem im Vergleich zum Original größeren Achsstand zwischen den Radsatzgruppen ein stimmiges Bild. Den Auftakt der überaus erfolgreichen Tenderlokbaureihe markierten 1972 zwei Modelle der Lok, sowohl komplett in Schwarz (3090) mit rotem Fahrwerk als auch mit grün abgesetztem Führerhaus und ebensolchen Wasserkästen (3087). Dank des relativ hohen Gewichts der kleinen Maschinen genügte es, lediglich die hintere Kuppelachse anzutreiben. Mit ihren stark vereinfachten Steuerungen sind die beiden Maschinen die bislang preiswertesten Modelle geblieben. Als Einsteigerlok hatten die kleinen Loks einen Riesenerfolg. Etwas vereinfacht ermöglicht im Startset mit der Artikelnummer 2911 eine Lok ohne aufwendige Bedruckung über Jahre den preiswertesten Start in die Märklin-Welt.

Während die schwarze Version bereits 1979 von den Katalogseiten verschwand, hält sich die grün-schwarze Version bis heute fast unverändert. Für die Handelsmarke Primex legte Märklin von 1981 bis 1985 nochmals eine komplett schwarze Variante der Lok auf, allerdings mit anderer am Führerhaus angeschriebener Artikelnummer (3197). Die heute unter Sammlern begehrteste Ausführung bot Märklin 1990 ebenfalls im Primex-Programm mit schwarz-grün-weißer Lackierung als Lok des Circus Sarassani an. In einer Startpackung des Primex-Sortiments gab es von 1985 bis 1992 auch noch eine in Blau und Schwarz gehaltene Vertreterin der Bauart. Die letzte Varietät der Verwandlungskünstlerin lieferte Märklin von 1992 bis 1994 in der Western-Startpackung.

Oben: Kurze Ruhepause für die 038 772 in Hausach (29. Dezember 1973).

Unten: In den fünfziger Jahren war die Bahn noch ein wichtiger Verkehrsträger. Die 38 2324 ist in Lüneburg angekommen.

BAUREIHE 38 – DIE ERSTE EUROPA-LOK

Kurz nach der Jahrhundertwende merkte man in Preußen, daß eine leistungsfähige Schnellzuglok fehlte, die sich auch im Hügelland bewährte. Während in Bayern die Verbund-Schnellzugloks der Bauarten S 3/5 und S 2/5 Triumphe feierten, mußte man sich in Preußen mit den schwachbrüstigen P 6, P 7 oder S 7 begnügen. Robert Garbe, orthodoxer Verfechter des Heißdampfprinzips mit einfacher Dampfdehnung, formulierte deswegen 1905 die Idee einer dreifach gekuppelten Schnellzuglok mit Heißdampftriebwerk, die, glaubt man zeitgenössischen Berichten, auch ein Dorfschmied im entlegensten Winkel Ostpreußens reparieren könnte. Bereits 1906 lieferte die Berliner Maschinenbau AG unter der Bezeichnung P 8 die erste Lok mit der charakteristischen nach hinten versetzten dritten Kuppelachse. Eine Windschneide am Führerhaus unterstrich Garbes Willen, die Maschinen als Schnellzuglok für Tempo 110 zuzulassen.

Die miserablen Laufeigenschaften, ein untrügliches Kennzeichen vieler Garbe-Entwürfe, verhinderten aber, daß die P 8 eine echte Schnellzuglok wurde. Für 100 Stundenkilometer zugelassen und ohne Windschneide begann der Sie-

geszug der P 8 eher verhalten. Testfahrten im Jahr 1906 bestätigten zwar die Leistungsfähigkeit der Lokomotive selbst vor schweren Schnellzügen, sie offenbarten aber auch schonungslos die Kinderkrankheiten der Konstruktion. Zahlreiche Änderungen ließen die P 8 erst im Lauf der Jahre zur erfolgreichsten Lok aller Zeiten werden. Bis Ende des Ersten Weltkrieges entstanden bereits gut 2300 P 8 in zahlreichen Lokomotivfabriken.

Weiterbau bis 1923

Auch andere deutsche Bahnen setzten auf die P 8. Die Großherzoglich Badischen Staatsbahnen beschafften 40 dieser Universalmaschinen. Nach Mecklenburg gelangten 13, nach Oldenburg fünf P 8. 1919 dezimierten die im Versailler Vertrag festgeschriebenen Reparationslieferungen für Polen, Belgien und Frankreich den deutschen P 8-Bestand um gut ein Viertel. Um die schmerzliche Lücke zu schließen, ließ die Reichsbahn die P 8 bis 1923 nachbauen. Die als Baureihe 38.10 bezeichnete Maschine wurde jetzt auch in Bayern und Württemberg heimisch und verdrängte dort bewährte andere Konstruktionen. Zusammen mit den Lokomotiven, die als Lizenzbauten in anderen europäischen Staaten entstanden, brachte es die P 8 auf 3948 Exemplare. Nach den Wirren des Zweiten Weltkrieges war die unverwüstliche Bauart über den ganzen Konti-

Oben: *So konnten die altehrwürdigen P 8 in ihren letzten Einsatzjahren häufig beobachtet werden. Im leichten Eilzugdienst, mit einigen Silberlingen am Haken, verdienten sie sich ihr Gnadenbrot. Am 29. Oktober 1971 war der E 1949 mit der 038 631 zwischen Eutingen und Freudenstadt unterwegs.*

Links: *Im Bw Horb warten die 038 791 und die 038 772 darauf, zur Drehscheibe rollen zu können.*

Oben: *Eine Szene, wie sie auch auf einer Modellbahn häufg nachgebildet wird: Eine P 8 befährt nach einem Tunnel eine Brücke. Im Schlepp hat sie dreiachsige Umbauwagen. Die Aufnahme entstand im November 1973 auf der Kinzigtalbahn.*

Unten: *P 8, gekuppelt mit einem Wannentender.*

nent versprengt. Dänemark konnte auf die P 8 genauso wenig verzichten wie Rumänien und beide deutschen Staaten. Bei der Bundesbahn bildeten mehr als 1200 Maschinen die Stütze des Schnellzug- und Personenzugdienstes, bei der Reichsbahn waren über 700 Maschinen unentbehrlich. Die Bundesbahn erhöhte in den sechziger Jahren die Reichweite zahlreicher Loks, indem sie Wannentender ehemaliger Kriegsloks ankuppelte. Bei manchen Reichsbahnloks verbesserten Giesl-Ejektoren mit ihrem charakteristischen, flachgedrückten Schornstein die Wirtschaftlichkeit erheblich. Die letzte Lok der Reichsbahn quittierte 1972 ihren Dienst. Die heutige Museumslok 38 1182 schied bereits ein Jahr zuvor beim Bw Aschersleben aus. Ende 1974 trat beim Bw Rottweil die ebenfalls museal erhaltene 038 772 in den Ruhestand. Schon ein Jahr später konnte die DB auf die rund 40 Jahre jüngere Baureihe 23 verzichten, welche die P 8 einst ablösen sollte.

Die Märklin-Modelle

Mit der P 8 begann Märklin 1967 eine Serie von Dampflokmodellen, die deutlich feiner detailliert waren, als die Modelle der fünfziger Jahre. Die Maschine konnte mit allerhand Neuerungen aufwarten, die es bis dahin nicht an Märklin-Modellen gab, beispielsweise separat am Kessel angesetzte Pumpen aus Kunststoff. Um den schmalen Hinterkessel samt dem recht kleinen Führerhaus der P 8 nachbilden zu können, bediente sich Märklin eines bislang einzigartigen Tricks: Der Motor rückte vom Führerhaus unter den vorderen Kesselschuß. Damit er dort genug Platz fand, nutzte Märklin geschickt die zylinderförmigen Nachbildungen von Oberflächenvorwärmer und Hauptluftbehälter beiderseits des Kessels für den Motorraum. Der kleine Standardmotor mit Scheibenkollektor treibt über ein Stirnradgetriebe die vordere Kuppelachse an, die wiederum ihr Drehmoment über Zahnräder auf die beiden benachbarten Antriebsachsen überträgt. Im Führerhaus blieb genügend Platz, alle Armaturen der Stehkesselrückwand minutiös nachzubilden. Einen komplett eingerichteten Führerstand erhielten alle neuentwickelten Märklin-Schlepptenderloks, obwohl der Motor nunmehr wieder im Hinterkessel steckte.

Der mit der P 8 gekuppelte Wannentender, ebenfalls eine Neuentwicklung, überzeugte mit überaus fein gearbeiteten Drehgestellen, die erstmals bei Märklin auf spitzengelagerten Radsätzen rollten. Die DB-P 8 mit der Nummer 38 1807 blieb für das Märklin-System bis 1977 im Programm (3098), in der Hamo-Versi-

Technische Daten Baureihe 38.10

Bauart	2'Ch2
Beschaffungszeit	1906 – 1923
Gesamtserie	über 3900 Exemplare
Länge über Puffer	18.590 mm
Treibraddurchmesser	1750 mm
Dienstmasse	78,2 t
Achslast	17,2 t
Höchstgeschwindigkeit	100 km/h
Leistung	1180 PS
Ausmusterung	DB 1974; DR 1971

Oben: *Über viele Jahre war die gelungene Nachbildung der P 8 eines der beliebtesten Märklin-Modelle.*

on sogar bis 1980 (8398). In ähnlicher Ausführung, allerdings mit vereinfachter Steuerung und abgespeckter Beschriftung, erschien sie von 1978 bis 1985 im Primex-Programm (3010).

Viele Varianten

Seit 1973 stand der DB-Maschine eine belgische Variante in grün-schwarzer Farbgebung zur Seite (3086), die allerdings mit dem dreiachsigen Tender der Baureihe 24 (3003) gekuppelt war. Ab 1978 bot Märklin die Lok unter der Bezeichnung 64 119 an, dann aber mit dem neuen Kastentender T 21,5 gekuppelt. Die belgische P 8 verschwand 1980. 1977 ersetzte die 38 3553 in Reichsbahnausführung mit Kastentender und großen Windleitblechen (3099) die Wannentender-P 8. Elf Jahre später wurde die Bezeichnung der Lok in 038 772 geändert, just die Nummer, mit der die letzte Bundesbahn-P 8 bis 1974 unterwegs war. Im Modell erhielt sie kleine Windleitbleche. Als Hamo-Modell (8399) bot der Fachhandel die Reichsbahnversion bis 1981 an. Mit der französischen Bezeichnung 230.F.270 und in Braunviolett gehalten erschien 1988 eine P 8 als Zugmaschine für den Primex-Orientexpreß, die ausschließlich in der Zugpackung 2701 angeboten wurde.

Anläßlich der Lückenschlüsse Mellrichstadt – Meiningen und Coburg – Sonneberg präsentierte die MHI 1992 ein Modell der Traditionslok 38 1182 der Deutschen Reichsbahn mit Kastentender und großen Windleitblechen (3098 2. Besetzung). Seit 1995 bietet Märklin die P 8 in der blauen badischen Länderbahnfarbgebung mit der Bahnnummer 1164 an (3091 2. Besetzung). Als Sonderserie zum 60jährigen Jubiläum der Baugröße H0 fertigte Märklin 1995 eine Zugpackung (2960) mit einer schwarzen P 8 ohne Windleitbleche, aber mit goldenen Kesselringen. Die 38 2545 rollte auf einem roten Fahrwerk. Hauptsächlich für den dänischen Markt boten die Göppinger im Exportprogramm 1997 eine ehemalige P 8 in dänischer Ausführung als T 298 an. Die gänzlich schwarze Lok weist als Besonderheiten ein asymmetrisches Spitzensignal, einen verkürzten Schornstein sowie einen schneepflugartigen Bahnräumer auf (34989).

Im Modelljahr 1998 präsentierte Märklin in der Güterzugpackung 29525 erstmals das Modell einer P 8, bei dem der Schein der Feuerbüchse durch eine LED nachgebildet ist. Die Lok mit großen Windleitblechen und Kastentender trägt die DB-Nummer 038 283.

Oben: *In Wuppertal-Elberfeld wartet im Jahr 1925 die 17 004 mit ihrem Schnellzug auf die Weiterfahrt.*

Unten: *Auf dieser Typenaufnahme der 17 111 ist die Verwandtschaft zur P 8 gut zu erkennen.*

BAUREIHE 17.0 – DIE SCHNELLE PREUSSIN

Eigentlich sollte die P 8 die Standardschnellzuglok der preußisch-hessischen Staatsbahnen werden. Das Vorhaben scheiterte aber an den unzulänglichen Laufeigenschaften der Maschine, die bei Geschwindigkeiten jenseits von 90 km/h zu starken Schlingerbewegungen neigte. Dem versuchte man in Preußen durch einen geschickten Schachzug zu begegnen: Man setzte kurzerhand den leistungsfähigen P 8-Kessel auf ein Fahrwerk mit Vierzylinder-Triebwerk, das auf Treibrädern mit zwei Metern Durchmesser rollte – fertig war die als S 8 bezeichnete Schnellzuglok. Auf eine Dampfmaschine, die nach dem Verbundprinzip arbeitete, verzichtete Preußen mit dem Argument vermeintlicher Probleme beim Anfahren. Daß nur kurze Zeit später die S 10.1 mit Verbundtriebwerk Triumphe feierte, steht auf einem anderen Blatt. Nach den insgesamt, im Vergleich zur P 8, guten Er-

Technische Daten Baureihe 17.0

Bauart	2'Ch4
Beschaffungszeit	1910 – 1914
Gesamtserie	207 Exemplare
Länge über Puffer	19.390 mm
Treibraddurchmesser	1980 mm
Dienstmasse	77,2 t
Achslast	17 t
Höchstgeschwindigkeit	110 km/h
Leistung	1170 PS
Ausmusterung	1948

***Oben:** Für den Hofzug von Kaiser Willhelm II. schufen Märklin und Trix ein ausgezeichnetes Modell der S 10.*

gebnissen mit den Prototypen begann man ab 1911, die als S 10 bezeichnete Maschine mit kleineren Änderungen in Serie zu bauen.

Das Problem der S 10 blieb aber der hohe Dampfverbrauch des Vierlings. Noch im gleichen Jahr stellten die S 10.1 der ersten Generation im direkten Vergleich zur normalen S 10 die Vorzüge eines Vierzylinder-Verbundtriebwerks eindrucksvoll unter Beweis. Auf der Suche nach der idealen Dampfmaschine für die Standardschnellzuglok experimentierte Preußen in den folgenden Jahren weiter. 1914 folgte noch die S 10.2 mit einem gewöhnlichen Dreizylinder-Triebwerk, die zwar nicht die Wirtschaftlichkeit der Verbundloks erreichte, bei gleicher Leistung aber deutlich weniger Dampf als ihre Vierlingsschwester verbrauchte. So elegant die ursprüngliche S 10 gegenüber den beiden anderen Varianten wirkte, so sehr geriet sie wegen ihres hohen Dampf- und damit Brennstoffverbrauchs ins Hintertreffen.

Beliebt in vielen Ländern

Dennoch trugen zu Zeiten der preußisch-hessischen Staatsbahnen alle drei S 10-Bauarten gleichermaßen die Hauptlast des schweren Schnellzugdiensts. Manchen Maschinen wurde sogar die Ehre zuteil, den Hofzug von Kaiser Wilhelm II. zu befördern. Wie beliebt die auch bei anderen deutschen Bahnen eingesetzten S 10 bei ausländischen Bahnverwaltungen war, zeigte sich nach dem Ersten Weltkrieg. Von den insgesamt 207 Serienloks konnte die Reichsbahn lediglich 135 als Baureihe 17.0 übernehmen. 64 Einheiten kamen durch Reparationslieferungen und territoriale Verschiebungen zu ausländischen Bahnen. Die S 10 Trier 1013 mußte bereits 1924 nach einem spektakulären Sturz von der Trogenbachbrücke im oberfränkischen Ludwigsstadt ausgemustert werden.

Nach dem Zweiten Weltkrieg begann der Stern aller S 10-Bauarten zu sinken. Bereits 1948 endeten die letzten Maschinen mit Drillings- und Vierlingstriebwerk unter dem Schneidbrenner. Die letzte S 10.1 mit Verbundtriebwerk folgte bei der DB 1952.

Das Märklin-Modell

Großserienmodelle mit der Finesse eines Kleinserienprodukts haben bei Märklin spätestens seit Erscheinen der Schönen Württembergerin im Jahr 1987 Tradition. Für den Hofzug von Kaiser Wilhelm II. entwickelten Märklin und Trix 1995 ein Modell der S 10.

Komplett aus Zinkdruckguß gefertigt, mit einem filigranen Fahrwerk und zahlreichen angesetzten Details setzte sie würdig die mit der Schönen Württembergerin begonnene Linie qualitativ in der Oberklasse angesiedelter Modelle fort. Ein im Kessel untergebrachter Faulhaber-Motor treibt über ein Winkelgetriebe, das einen vorbildnahen Auslauf ermöglicht, die hintere Kuppelachse an. Von dort übertragen lediglich die Kuppelstangen das Drehmoment zu den übrigen Achsen.

Die in den Farben der preußisch-hessischen Staatsbahnen gehaltene Maschine – olivgrün mit schwarz abgesetzter Rauchkammer und dunkelrotem Fahrwerk – war wahlweise mit Digitaldecoder (in Zugpackung 2681) oder elektronischem Fahrtrichtungsschalter (in Zugpackung 2881) erhältlich. Bislang sind leider keine weiteren Varianten dieses Modells erschienen.

Oben: *Aus dem Jahr 1866 stammt die B VI Steinach. Gebaut wurde die Lok, die sich auf der Aufnahme im Urzustand mit Torftender und windigem Führerhaus zeigt, bei Maffei.*

Unten: *Der überdimensionierte Tender läßt auch bei dieser B VI auf die Torffeuerung schließen.*

GATTUNG B VI – LANGLEBIGE BAYERIN

Bis zur Mitte des vergangenen Jahrhunderts gab es in Bayern nur Universallokomotiven. 1847 sollte das anders werden. Mit der B I trat nicht nur die erste zweifach gekuppelte Lok, sondern auch die erste echte Personenzuglok aufs Tapet. Mit der B VI fand die Entwicklung bayerischer Personenzugloks dann 1863 ihren vorläufigen Abschluß. Maffei baute bis 1871 insgesamt 107 Exemplare dieser formschönen Schlepptenderlok, die sich außer im Personenzugdienst auch vor Schnellzügen bewährten. Während Maffei die Maschinen der ersten Serie lediglich mit einem Wetterschirm lieferte, erhielten die späteren Loks neben einem richtigen Führerhaus auch eine Dampfheizeinrichtung. Für den Einsatz im südbayerischen Raum rüsteten die stets auf Sparsamkeit bedachten Königlich Bayerischen Staatseisenbahnen einige Maschinen mit einer Torffeuerung aus. Den Brennstoff lieferten bahneigene

Technische Daten bay. B VI

Bauart	1Bn2
Beschaffungszeit	1863 – 1871
Gesamtserie	107 Exemplare
Länge über Puffer	7645 mm
Treibraddurchmesser	1616/1600 mm
Dienstmasse	31,0/ 32,2 t
Achslast	11,25/12,15 t
Höchstgeschwindigkeit	75 km/h
Leistung	unbekannt
Ausmusterung	1924

Torfstiche in Aibling und Rosenheim. Aber selbst mit einem vollgeladenen, hochwandigen Torftender, der im Vergleich zu der kleinen Lok riesig wirkte, kamen die B VI nicht sonderlich weit. Der große Durchbruch blieb den Torfloks versagt; schon bald bekamen die Maschinen eine traditionelle Kohle- oder Kohle-Holz-Feuerung. Was den Loks nach allen Versuchen aber blieb, war die Vielfalt ihrer Schornsteinbauarten mit unterschiedlichen Funkenfängern. Typisch für die ausschließlich mit Kohle gefeuerten Loks war der zylindrische Schornstein. Die Torfloks erkannte man am trichterförmigen Schlot und die Loks mit einer kombinierten Feuerung an der birnenförmigen Esse. Nachdem sich die B VI mehr als sechzig Jahre im Betriebsdienst bewährt hatten, rollte 1924 die letzte Lok aufs Abstellgleis.

Die Märklin-Modelle

Die Vorbilder der Märklin-B-VI entstammen alle der Bauserie von 1865. Berühmt wurde vor allem die unter der Fabriknummer 549 als Leibmaschine von Märchenkönig Ludwig II. gelieferte „Tristan“ mit der Bahnnummer 316, die hauptsächlich vor dem königlichen Hofzug zu Ehren kam. Die torfgefeuerte 319 „Murnau“ mit ihrem riesigen Tender und die 317 „Tölz“ mit Birnenschlot entstammten dem gleichen Baulos.

Für den Hofzug von Ludwig II. hatten sich Märklin und Trix ein ehrgeiziges Ziel gesetzt. Die Modelle sollten die Detaillierung eines Kleinserienmodells mit der Robustheit eines Großserienprodukts vereinen. Das Modell der „Tristan“ konnte sich wirklich sehen lassen. Ein überaus fein gearbeiteter Kessel aus Metall mit zahlreichen separat angesetzten Details sitzt auf einem nicht minder filigranen Fahrwerk mit Außenrahmen und exakt nachgebildeter Stephensonsteuerung. Für den Vortrieb sorgt ein im Kessel eingebauter Glockenankermotor vom System Faulhaber. Die Umschaltelektronik (Zugpackung 2880) beziehungsweise der Digitaldecoder (Zugpackung 2680) sind im Tender untergebracht. Das Modell wurde in einmaliger Serie in den Jahren 1992 und 1993 an den Fachhandel geliefert. 1994 folgte ebenfalls als gemeinsamme Sonderserie von Märklin und Trix das Modell der bayerischen B VI „Murnau“, die im Gegensatz zur „Tristan“ statt eines Kohletenders einen voluminösen Torftender mit sich führte. Das Modell wurde wahlweise mit elektronischem Fahrtrichtungsschalter (3497) oder mit digitalem Hochleistungsmotor (3797) angeboten.

Ein weiteres Modell der B VI folgte 1998 erneut als einmalige Sonderserie. Für die Maschine „Tölz“ hat Märklin die Werkzeuge für die Gehäusefertigung komplett überarbeitet. Statt zweier Dome trägt die Tölz nur noch einen Dampfdom auf dem Kesselscheitel. Ein spartanischer Wetterschirm ersetzte das vergleichsweise großzügige Führerhaus der Maschinen Tristan und Murnau. Statt bayerischer Petroleumlaternen der Einheitsbauart weist die „Tölz“ ein Spitzensignal aus Lampen der frühen Länderbahnbauart auf. Als typisches Kennzeichen für Loks mit Kohle-Holz-Mischfeuerung hat die Maschine einen birnenförmigen Schlot. Das Modell war mit Delta-Modul (34971) oder digital geregeltem Hochleistungsantrieb (37971) erhältlich.

Oben: *Mit einer gemischten Kohle-Holz-Feuerung war das Vorbild zu Märklins jüngster Variante der B VI unterwegs. Zahlreiche Änderungen am Kessel und Führerhaus der „Tölz“ wurden vorgenommen.*

***Oben:** Formschön, elegant, schnell und leistungsstark. Das waren die Attribute der legendären bayerischen Schnellzugdampflokomotive der Gattung S 3/6.*

BAUREIHE 18.4 – SCHÖNSTE DAMPFLOK ALLER ZEITEN

Die berühmte S 3/6, der Inbegriff für bayerischen Lokomotivbau, hat eigentlich amerikanische Eltern. Im Jahr 1901 kauften die Königlich Bayerischen Staatseisenbahnen zu Studienzwecken bei den Baldwin-Werken in den USA unter anderem zwei Vierzylinder-Schnellzugloks der Bauart S 2/5. Typisch für die Maschinen war der bislang nur in Amerika verwendete Barrenrahmen, der einen silhouettenartigen Blick durch das Triebwerk erlaubte. Die Testfahrten mit den beiden amerikanischen Loks verliefen so erfolgreich, daß Bayern schon kurze Zeit später zwei ähnliche Loktypen, allerdings mit einem Vierzylinder-Verbundtriebwerk, bei Maffei bestellte: die in vielen Teilen übereinstimmenden S 2/5 und S 3/5, die schon stark der späteren S 3/6 ähnelten. 1903 stand die S 3/5 3301 als erste europäische Lok mit Barrenrahmen und der typischen Eleganz Maffeischer Prägung auf bayerischen Gleisen.

Nach nicht minder gelungenen Konstruktionen für die Pfalzbahn und die badischen Staatsbahnen stellte Maffei 1908 seine S 3/6 vor, die dank ihrer hohen Leistung und des dennoch sparsamen Kohleverbrauchs die mit Abstand erfolgreichste Schnellzuglok der Länderbahnzeit werden sollte. Die S 3/6 überzeugte aber nicht nur technisch; wegen ihrer eleganten Form galt sie bald als schönste Dampflok überhaupt. Zusammen mit den sieben Prototypen entstanden binnen 22 Jahren 159 Maschinen in 16 Bauserien. Selbst nach Gründung der Deutschen Reichsbahn fertigte Maffei die ab 1925 als 18.4-5 bezeichnete S 3/6 weiter, weil die leichte Einheitsschnellzuglok der Baureihe 03 für Strecken mit einer Achslastbegrenzung von 17 Tonnen bislang nur auf dem Reißbrett existierte. Die letzte, bis zum Schluß im Schnellzugdienst eingesetzte S 3/6 mit Neubaukessel rollte erst im Januar 1966 aufs Abstellgleis.

Die Märklin-Modelle

Mit der 18 478 in DB-Ausführung kam ein fein detailliertes Dampflokmodell in die Läden. Erstmals waren bei einer Märklin-Dampflok Luft- und Speisepumpe sowie Turbogenerator und Nummernschild aus Kunststoff separat am Zinkdruckguß-Gehäuse angesetzt. Beeindruckend waren auch die geprägten Windleitbleche aus besonders dünnem Blech.

Bislang einzigartig bei einem Märklin-Modell blieb der vorbildgetreu gestaltete Barrenrahmen. Der Blick durch das Fahrwerk ist problemlos möglich, zumal keine Zahnräder die Sicht behindern. Für ein kraftvolles und gleichmäßiges Drehmoment sorgt der große Scheibenkollektormotor, der seine Kraft über ein Stirnradgetriebe auf die hintere Kuppelachse abgibt. Von dort übertragen lediglich die Kuppelstangen die Antriebskraft auf die beiden anderen Kuppelachsen. Bei der Konstruktion des Tenders beschritten die Konstrukteure Neuland. Statt auf Drehgestellen läuft das Anhängsel auf starr im Rahmen gelagerten Achsen.

Lieferte Märklin die 18 478 zunächst serienmäßig mit einem Rauchsatz, ersetzte 1974 das etwas preiswertere Modell 3093 die rauchende Vorgängerin. Bis 1988 behauptete sich die rauchlose S 3/6 im Programm. Gleiches widerfuhr dem Hamo-Modell 8391, das sich ohne Rauchsatz (8393) bis 1981 hielt. Gleichzeitig mit der rauchlosen 18 478 präsentierte man eine S 3/6 in der bayerischen Ausführung mit grünem Lack und den charakteristisch bronzefarbenen Kesselringen, allerdings ohne die eleganten Windleitbleche (3092). Die Lok mit der Bahnnummer 3673 wurde für das Märklin-System bis 1987 gefertigt, die Hamo-Version 8392 war von 1975 bis 1981 zu haben.

1977 gesellte sich mit der 231-981 im Look der früheren französischen Staatsbahn ETAT eine dritte Variante (3083) zu den Modellen. Die ebenfalls in dezentem Grün gehaltene Maschine konnte mit neukonstruierten, bis auf die Pufferbohle herabgezogenen Windleitblechen französischer Bauart aufwarten. Sie wurde bis 1983 produziert. Das Hamo-Pendant gab es von 1979 bis 1981.

Als vierte im Bunde erschien 1982 die belgische 5920 (3111). Das als Sonderserie gefertigte Modell unterschied sich bis auf die braunviolette Farbgebung und die fehlende

***Oben:** Zwei Lokomotivschönheiten mit unterschiedlichen Führerhäusern: Während die 3641 größere Treibräder hat und dafür auf die Windschneide am Führerhaus verzichten muß, zeigt die 3644 das charakteristische Erscheinungsbild der Reihe mit windschnittigem Führerhaus.*

***Oben:** Das Vorbild für das erste Märklin-Modell: Die 18 478 wurde auf der Drehscheibe in Ulm aufgenommen.*
***Unten:** Anfang der vierziger Jahre entstand diese Aufnahme einer aus Frankreich zurückgekehrten S 3/6.*

Schornsteinkrempe kaum von der bayerischen Ausführung. Für das Modelljahr 1988 überarbeitete Märklin die mittlerweile 16 Jahre alte Konstruktion. Den Auftakt zur neuen Generation der S 3/6 bildete die 18 434 in Reichsbahnausführung. Eine geänderte Motoraufnahme ermöglichte es, statt des großen Scheibenkollektormotors den deutlich kleineren dreipoligen Motor mit Trommelkollektor (3318) oder den neuen Fünfpoler mit seinen überragenden Laufeigenschaften einzubauen (3518). Ein elektronischer Fahrtrichtungsschalter ersetzte den mechanischen. Neben den technischen Neuerungen standen den Modellen auch die optischen Retuschen gut: Die Befestigungsschraube im Sanddom verschwand unter einer kleinen Kunststoffkappe in Form der Domabdeckung, zierliche Bremsattrappen an den noch filigraner gefertigten Lauf- und Kuppelrädern komplettierten das ohnehin schon vorbildgetreue Fahrwerk, und am Tender ersetzte ein beleuchtetes Zweilichtspitzensignal die bislang unbeleuchteten Laternen. Unter der Artikelnummer 3618 lieferte Märklin die S 3/6 mit Digitaldecoder, der erlaubte, die Spitzenbeleuchtung separat ein- und auszuschalten. Die Lok war bis 1996 erhältlich.

Im Exportprogramm 1991 stand der Reichsbahnversion der S 3/6 mit der 231 A 995 wiederum ein französisches Modell zur Seite (3317). Die frühe SNCF-Ausführung erhielt statt der Reichsbahnwindleitbleche die formschönen Bleche der 231-981. Die Lok war unter der Artikelnummer 83317 auch im Hamo-Programm erhältlich. Ebenfalls als Sonderserie fertigte Märklin 1996 das Modell der S 3/6 mit der Bahnnummer 3673. Märklin verbesserte das Modell optisch und technisch: Es fehlte weder der charakteristische breite Tritt beiderseits der äußeren Zylinder, noch das Gestänge,

Links: *Die einst bayerische S 3/6 3678 fuhr später bei der SNCF. Die Franzosen gaben ihr die Baureihennummer 231.9.*

mit dem der Lokführer die Sicherheitsventile manuell vom Führerhaus aus bedienen konnte. Die Modelle mit Dreipolmotor erhielten statt des elektronischen Umschalters ein Delta-Modul (33182), und erstmals lieferte Märklin eine S 3/6 auch mit dem digital geregelten Hochleistungsantrieb (37182).

Als letzte Dampflok im Hamo-Programm erschien 1996 mit der Bahnnummer 3644 eine weitere S 3/6 im Design der Königlich Bayerischen Staatseisenbahnen (38181), diesmal mit rotem Fahrwerk und ohne die Schornsteinkrempe. 1997 folgten der Hamo-Lok die Maschinen mit Delta-Modul (33181) und mit digital geregeltem Hochleistungsantrieb (37181) für das Märklin-System. Im gleichen Jahr präsentierte Märklin mit der 18 427 die zweite S 3/6 in Reichsbahnausführung (33183). Erstmals baute Märklin in die Digital-Version der Lok (37184) eine Geräuschelektronik mit Läutewerk und Lokpfeife ein. Ebenfalls 1997 bescherte die Fachhandelskette Idee & Spiel ihren Kunden eine Sonderserie der S 3/6 mit der Bahnnummer 3709, die 1924 mit stahlblauem Lack auf der Eisenbahntechnischen Ausstellung in Seddin die Gruppenverwaltung Bayern der Deutschen Reichsbahn repräsentierte (33183).

Das 70jährige Jubiläum des legendären Luxuszuges Rheingold war für Märklin 1998 Anlaß, mit einer Sonderpackung an den berühmten Expreß-Zug zu erinnern. Den Zug aus sechs Wagen im ursprünglichen Zustand des Rheingold von 1928 schleppt eine grüne S 3/6, die bereits die Reichsbahnnummer 18 434 trägt. Als erste S 3/6 für die Märklin-Händler-Initiative stellte Märklin 1998 die Maschine mit der Bahnnummer 3602 im ockerfarbenen Fotografieranstrich vor. Mit dem bayerischen Königswappen dekoriert, erschien die Lok in der Delta- (33185) und in der Digital-Version (37185).

Die Märklin-Vorbilder

3602 der Königlich Bayerischen Staatseisenbahnen (33185), ab 1919 231-981 (3083) der französischen Staatsbahn ETAT; Vorserie

Als zweite S 3/6 überhaupt lieferte Maffei am 20. Juli 1908 die 3602 für die Ausstellung „München 1908“. Abweichend von ihrer grünen Schwestermaschine 3601 erhielt die 3602 einen ockergelben Anstrich, blanke Kesselringe sowie messingbeschlagene Zylinder- und Schieberdeckel. Das königliche Wappen auf beiden Seiten der Rauchkammer und eine goldene Kaminkrone unterstrichen die Eleganz

Oben: *In einer Sonderserie wurde das SNCF-Modell der Baureihe 231 gefertigt.*

der vielleicht schönsten S 3/6, die zunächst vom Bw München, später von Nürnberg aus fast in ganz Bayern unterwegs war. Offenbar ihre Schönheit wurde der 3602 aber zum Verhängnis. Zusammen mit 15 anderen S 3/6 rollte die 3602, längst im normalen grünen bayerischen Farbkleid, im Jahr 1919 als Reparationslieferung in Richtung Frankreich. Unter der ETAT-Nummer 231-981 fand die Maschine zunächst im westfranzösischen Thouars eine zweite Heimat. Um 1935 waren alle S 3/6 in Saintes stationiert. Im Februar und März 1942 mußten die französischen Staatsbahnen SNCF ihre S 3/6 als sogenannte „Rückführlokomotiven“ an die Reichsbahn abgeben; die ehemalige 3602 kehrte nach Bayern zurück. Bis 1944 setzte das Bw Würzburg die 231-981 auf fränkischen Hauptbahnen ein. Nach Kriegsende verließ die ehemalige 3602 Bayern endgültig in Richtung Frankreich. Ohne nochmals in den Betriebsdienst zurückzukehren, wurde die Maschine, die 23 Jahre in Frankreich verbrachte, 1946 ausgemustert.

5920 der belgischen Staatsbahn (3111); Bauserie c

Nur ein kurzes Lokomotivleben war der 3620 vergönnt. Sie begann ihre Laufbahn am 16. Mai 1911 beim Bw München. Bereits acht Jahre später quittierte sie ihren Dienst bei den Königlich Bayerischen Staatseisenbahnen. Im Rahmen der Reparationslieferungen mußte Bayern die Maschinen 3620, 3646 und 3649 an Belgien abgeben. Lediglich fünf Jahre liefen die Loks mit ihren neuen Nummern 5920, 5946 und 5949 im District Tournai auf der Strecke von Brüssel nach Oostende, dann wurden sie ausgemustert. Anlaß zu Spekulationen um die Maschine 5920 gab immer wieder der braunviolette Anstrich des Märklin-Modells 3111 im typischen Pfalzbahnschema. Möglicherweise handelt es sich bei der belgischen 5920 in Wirklichkeit um die später gelieferte 3646 oder 3649, die im Mai 1914 im direkten Anschluß an die Bauserie g für das pfälzische Netz – vielleicht im braun-violetten Lack der Pfalz-

Technische Daten Baureihe 18.4

Bauart	2'C1'h4v
Beschaffungszeit	1908 – 1931
Gesamtserie	159 Exemplare
Länge über Puffer	21.220 – 22.860 mm
Treibraddurchmesser	1870/2000 mm
Dienstmasse	88,3 – 100,3 t
Achslast	16,5 – 18,9 t
Höchstgeschwindigkeit	120 km/h
Leistung	1770 – 1950 PS
Ausmusterung	1966

bahn – zu den altbayerischen Bahnen rechts des Rheins kamen.

3644; Bauserie f

Die 3644 kam nie aus Bayern heraus. Fabrikneu nahm sie im April 1914 beim Bw München I den Dienst auf. Die Zeit vom 14. Januar 1927 bis zum 16. April 1928 verbrachte sie in Würzburg. Bis zum 4. März 1931 setzte sie ihr fränkisches Gastspiel beim Bw Hof fort, um dann nach München zurückzukehren. An der Isar war die mittlerweile als 18 421 bezeichnete Maschine fast ohne Unterbrechung bis zum 4. Juni 1941 stationiert. Lediglich im Oktober 1940 unternahm die Lok einen knapp dreiwöchigen Ausflug nach Freilassing. Bis 25. Juni 1948 lief sie in Diensten des Bw Regensburg, das sie anschließend nach Bamberg abgab. Nachdem die Maschine seit 26. Februar 1950 von der Ausbesserung zurückgestellt war, wurde sie am 14. August 1950 ausgemustert und 1952 in Desching verschrottet.

18 427; Bauserie g

Als zweifellos echte Pfalzbahn-S 3/6 nahm die 343 am 9. März 1914 ihren Dienst in Ludwigshafen auf. Dort blieb sie, abgesehen von einem knapp anderthalbjährigen Intermezzo

zwischen 13. Oktober 1926 und 14. März 1928 in Hof, bis zum 20. November 1938. Nachdem Ludwigshafen 1938 genügend Maschinen der Baureihe 03 erhalten hatte, stationierte die Reichsbahn alle zehn pfälzischen S 3/6 für den Korridorverkehr Berlin – Wien im oberschlesischen Heydebreck. Am 1. April 1940 kehrte die 343 nach Bayern zurück. Ihre letzten Jahre verbrachte die Maschine im mittelfränkischen Eisenbahnknoten Treuchtlingen. Lediglich 1946 und 1948 war sie auch buchmäßig für kurze Zeit im Bw München Hbf zu Besuch. Ihr Betriebseinsatz endete am 14. August 1950. Führerhaus und Stehkessel der Maschine wurden 1951 aufgearbeitet. Zunächst kamen sie ins Deutsche Museum nach München. Seit 1969

Oben: *Modell der ersten von Märklin produzierten S 3/6 mit den eleganten Windleitblechen aus dünnem Blech und schöner Nachbildung des Barrenrahmens.*

Unten: *Für den belgischen Markt wurde das Exportmodell der 5920 aufgelegt.*

***Oben:** Vorzügliche Nachbildung der bayerischen S 3/6 in grüner Farbgebung.*

gehören sie als Dauerleihgabe zum Bestand der Deutschen Gesellschaft für Eisenbahngeschichte.

18 434; Bauserie g

Ebenfalls als pfälzische S 3/6 begann die 18 434 am 6. Mai 1914 unter der Nummer 350 beim Bahnbetriebswerk Ludwigshafen ihre Laufbahn. Um 1926 gastierte sie kurzzeitig im fränkischen Würzburg. Ab 27. August 1929 bis zum 20. November 1938 war sie buchmäßig wieder in ihrer pfälzischen Heimat registriert. Zwischenzeitlich in Heydebreck stationiert, gehörte die 18 434 vom April 1940 bis zum Ende des Zweiten Weltkrieges zum Bahnbetriebswerk Hof. Von einem Aufenthalt im Ausbesserungswerk Stendal kehrte die Maschine zunächst nicht in den Westen zurück. Ab 14. April 1947 wurde sie vom Bw Dresden-Altstadt als Einzelgänger eingesetzt. Ihre Außenseiterrolle endete am 29. Juli 1948, als die Eisenbahnen der Westzonen die badische 18 314 gegen die in der sowjetischen Besatzungszone verbliebene bayerische Lok tauschten. Ihr Gnadenbrot verdiente die pfälzische 350 beim Bw Bamberg. Nach dem Ende ihrer Laufbahn am 14. August 1950 wurde sie 1952 in Desching bei Ingolstadt verschrottet.

Die Wiedergeburt

3673; 18 478; Bauserie i

Sicherlich den bewegtesten Lebenslauf aller S 3/6 hat die 3673. Die Zeit von ihrer Ablieferung am 29. Juli 1918 bis 10. Mai 1931 verbrachte die seit Mitte der zwanziger Jahre als 18 478 bezeichnete Lok in München. Nach einer knapp dreijährigen Stippvisite in Augsburg kehrte sie am 16. Juni 1934 nach München zurück. Ziemlich genau sieben Jahre später verschlug es die Maschine am 27. Juni 1941 erneut nach Augsburg. Nach einem kurzen Abstecher ins Bw Lindau im Frühjahr 1943, war die Lok bis 12. Juli 1949 wieder in Augsburg stationiert. In Neu-Ulm lernte die 18 478 vom 13. Juli 1949 bis 7. Mai 1950 ein neues Bw kennen, um dann erneut nach Augsburg zu kommen, wo sie bis zum 8. Februar 1955 blieb. Noch zweimal verließ sie im Frühjahr 1955 und vom 10. November 1955 bis zum 18. Februar 1957 ihre angestammte Heimat in Richtung Lindau. Letztmals machte sie vom 8. April 1957 bis 4. Juni 1958 Station in der Fuggerstadt. Das Bw Ulm stellte sie am 2. März 1959 von der Ausbesserung zurück; am 14. Juli 1960 wurde sie ausgemustert. Nachdem der Schweizer Serge Lory die Lok erworben hatte, begann er ab 1962, die

Lok in Lindau Hbf aufzuarbeiten. Ab 5. Oktober 1966 fand die Lok in Frauenfeld eine neue Bleibe. Nach dem Tod Lorys 1980 wurde es still um die 18 478. Erst 1993 erwachte die Maschine aus ihrem Dornröschenschlaf. Das Bayerische Eisenbahnmuseum in Nördlingen übernahm im Herbst 1993 die Lok und richtete sie bis zum Frühjahr 1996 im weitgehend bayerischen Originalzustand betriebsfähig her. Auf der Märklin-Insider-Tour durch Deutschland zeigte die mittlerweile fast achtzigjährige Maschine vom 16. bis 26. Mai 1996, was noch in ihr steckte. Ohne ernste Blessuren überstand die 3673 den Schienen-Marathon.

231-995

Eigentlich gar keine bayerische Lok war die 3678. Ohne je bei den bayerischen Staatsbahnen in Betrieb zu gehen, gelangte die am 19. August 1918 abgelieferte Lok 1919 als Reparationsleistung nach Frankreich. Sie war unter anderem in den Depots Le Mans, Nantes und Saintes stationiert und kehrte wie ihre Schwestermaschine 231-981 (ex 3602) während des Zweiten Weltkrieges für kurze Zeit nach Bayern zurück, um von Würzburg aus in untergeordneten Diensten eingesetzt zu werden. Zusammen mit den anderen Leihloks endete ihr Einsatz in Bayern nach Kriegsende. Als eine der letzten französischen S 3/6 wurde die 231-995 im Jahr 1949 ausgemustert.

3709; Bauserie k

Als letzte S 3/6 mit bayerischer Nummer lieferte Maffei am 12. September 1924 die 3709 aus. Die Reichsbahn präsentierte die blau lackierte 3709, die ähnlich der 1908 in München vorgestellten 3602 mit allerlei Messingzierrat geschmückt war, im Herbst 1924 auf der Eisenbahntechnischen Ausstellung in Seddin. Erst ab 16. November 1924 stand die Lok beim Bw München I dem Betriebsdienst zur Verfügung. Am 4. Mai 1928 gab München die Maschine nach Würzburg ab, wo die längst schwarz lackierte und als 18 508 bezeichnete Lok ohne Unterbrechung bis zum 29. Dezember 1940 blieb. Weitere zwölf Jahre verbrachte sie in Nürnberg, um schließlich am 23. Januar 1953 ihren Einsatz in Lindau anzutreten. Nach einem vierjährigen Besuch in Augsburg kehrte die Lok am 11. Juni 1961 nach Lindau zurück und wurde am 30. Juli 1962 von der Ausbesserung zurückgestellt. Am 20. Dezember 1962 endete ihre Laufbahn bei der Bundesbahn. Der Schweizer Otto Fiechter erwarb die Lok und bewahrte sie vor dem Schneidbrenner.

Oben: *Die letzte Variante in der Modellfamilie der S 3/6 ist in der Digital-Version eine technische Meisterleistung: die Lok hat nicht nur beste Fahreigenschaften, sondern kann auch mittels Dampfgenerator rauchen, ihr Spitzenlicht zuschalten, läuten und pfeifen.*

Rechts: *Auf über 50 Einsatzjahre kam dieser Glaskasten. Als PtL 2/2 4522 verließ er 1908 die Werkhallen von Krauss. Die Reichsbahn zeichnete ihn zum 98 304 um. Nach 1945 kam er zu den ÖBB, die ihn ab 1953 unter der Bezeichnung 688.01 führten. Die Ausmusterung erfolgte dann 1959.*

PtL 2/2 – LIEBENSWERTE LOKALBAHNLOK

Die wahrscheinlich liebenswerteste aller bayerischen Lokomotivkonstruktionen entsprang dem Zwang, immer sparsamere Maschinen für die defizitären Lokalbahnen zu beschaffen: die Lokalbahnlok PtL 2/2, die alle Eisenbahnfreunde eigentlich nur unter dem Namen Glaskasten kennen. Den Glaskasten schlechthin hat es allerdings nie gegeben. Vielmehr existierten vier unterschiedliche Konstruktionen zweifach gekuppelter Lokalbahnloks, die sich alle ähnelten. Gemeinsam war allen vier Entwürfen die halbselbsttätige Schüttfeuerung, die den Heizer einsparte, das Heißdampftriebwerk und das verglaste Führerhaus, das den Maschinchen ihren Namen bescherte.

Wegen konstruktiv nicht ganz geglückter Lösungen erlebten allerdings nur die beiden letzten Entwürfe von Krauss aus den Jahren 1908 und 1911 in wenigen Exemplaren noch

Rechts: *In Wiesmühl wurde der bereits zum 98 308 umgezeichnete Glaskasten vor einem leichten Güterzug abgelichtet.*

Technische Daten Baureihe 98.3	
Bauart	Bh2
Beschaffungszeit	1908 – 1909
Gesamtserie	29 Exemplare
Länge über Puffer	6980 mm
Treibraddurchmesser	1006 mm
Dienstmasse	22,7 t
Achslast	11,5 t
Höchstgeschwindigkeit	50 km/h
Leistung	210 PS
Ausmusterung	1963

die Bundesbahnzeit. Die Maschinen der ersten PtL-2/2-Serie – als Urglaskasten bezeichnet – wurden bereits 1923 ausgemustert, die sogenannten Motorloks ML 2/2 von Maffei aus der zweiten Serie endeten 1924 beim Schrotthandel.

Die Maschinen der dritten Serie, die wiederum das Gattungskürzel PtL 2/2 trugen, unterschieden sich im wesentlichen durch das Triebwerk. Die Zylinder wirkten auf eine Blindwelle, welche die Kraft über Kuppelstangen auf die Räder übertrug. Aber auch die Vertreterinnen dieser Serie blieben von der Ausmusterungswelle der Reichsbahnzeit nicht verschont. Lediglich neun der einst 29 Maschinen bekamen die Reichsbahnnummern 98 301 bis 98 309.

Die letzte Glaskastenbauart von 1911 verzichtete auf die Blindwelle; das Drehmoment wurde von den Zylindern direkt auf die hintere Achse übertragen. Obwohl die von der Reichsbahn als 98 310 bis 98 322 bezeichneten Maschinen zweifellos die modernsten waren, überdauerte ein Glaskasten der Bauart mit Blindwelle den letzten Vertreter mit direktem Antrieb um fast vier Jahre. Erst am 1. Juli 1963 rollte der 98 307 endgültig aufs Abstellgleis; er gehört heute als nicht betriebsfähiges Exponat zum Bestand des Verkehrsmuseums Nürnberg.

Die Märklin-Modelle

Nach den erfolgreichen Joint Ventures mit Trix im Waggonbau präsentierte Märklin 1990 mit dem Bundesbahn-Glaskasten 98 308 die erste gemeinsam gefertigte Lok (3387). Das überaus fein detaillierte Gehäuse aus Kunststoff mit zahlreichen angesetzten Griffstangen und Armaturen sitzt auf einem Fahrwerk aus Zinkdruckguß. Für zusätzliches Reibungsgewicht sorgt Ballast aus dem gleichen Material im Führerhaus. Ein kleiner dreipoliger Gleichstrommotor treibt über eine Messingschnecke das entlang der Fahrzeuglängsachse auf beide Treibachsen und die Blindwelle wirkende Stirnradgetriebe an. Eine spezielle Elektronik verwandelt den Wechselstrom des Märklin-Systems in für den Motor verträglichen Gleichstrom und ändert per Überspannungsimpuls auch die Fahrtrichtung des Glaskastens. Als erstes Märklin-Modell erhielt der Glaskasten stromführende Kurzkupplungen, mit denen sich die Wagenbeleuchtung von der Lok aus

***Oben:** In Zusammenarbeit mit Trix entstand 1990 bei Märklin die entzückende Nachbildung des Glaskastens 98 308.*

versorgen läßt. Der Glaskasten blieb bis 1995 im Programm.

Dem Wunsch vieler Digitalfreunde entsprach Märklin 1991 mit der Digitalversion des Glaskastens in Bundesbahnausführung (3687), bei dem sich das Spitzenlicht und die stromführende Kurzkupplung digital schalten ließen. Die kleine Lok mit dem Spezialdecoder war bis 1993 im Programm. Im gleichen Jahr stellte Märklin den Glaskasten PtL 2/2 ebenfalls als Digitalmodell in grüner Farbgebung der Gruppenverwaltung Bayern der Deutschen Reichsbahn vor (3686). Die grüne Version der flinken Tenderlok wurde bis 1996 produziert.

Ein Glaskasten der besonderen Art erschien 1997 als Sonderserie. Anläßlich der Übernahme von Trix durch Märklin präsentierten die beiden Firmen den „Hochzeitszug“ mit einem in Schwarz, Weiß und Rot gehaltenen Glaskasten im ursprünglichen Zustand der Königlich Bayerischen Staatseisenbahnen (28970).

Die Märklin-Vorbilder

4531/ 98 308

Das Vorbild für die beiden Märklin-Modelle begann mit der Bahnnummer 4531 und im klassisch grünen Farbkleid 1909 seine Laufbahn bei den bayerischen Staatsbahnen. Nach einer Wanderschaft über unzählige bayerische Nebenbahnen verdiente die Maschine ihr Gnadenbrot als eine der letzten ihrer Baureihe von Nördlingen aus auf den Nebenbahnen im nördlichen Schwaben. Nach rund fünfzig Jahren Betriebsdienst wurde die 98 308 am 10. November 1959 ausgemustert.

Rechts: Eine Augenweide war die Gt 2x4/4 5773 anläßlich der Verkehrsausstellung in München im Jahr 1925. Die Lok glänzte, wie ein Jahr zuvor für die Ausstellung in Seddin, im blauen Lack

BAUREIHE 96 – BAYERISCHES KRAFTPAKET

Eisenbahner und einschlägige Gazetten schwärmten gleichermaßen, als 1913 die zweimal vierfach gekuppelte Maffei-Tenderlok der Bauart Gt 2x4/4 auf den Gleisen der Königlich Bayerischen Staatseisenbahnen erschien. Bislang hatte es keine europäische Lokomotive mit derart gigantischen Ausmaßen gegeben. Doch bei aller Größe wirkte die Riesen-Mallet keinesfalls klobig, sondern ganz im Maffeischen Stil überaus elegant. Die Staatsbahnen setzten die 15 Maschinen der ersten Serie zunächst auf der 22-Promille-Rampe Laufach – Heigenbrücken im Spessart und der mit 25 Promille etwas steileren Frankenwaldrampe

Unten: Die erste, 1922 abgelieferte Lok aus der Nachbauserie, aufgenommen im Englischen Garten in München.

Oben: *Die 96 020 schiebt den schweren D 40 (Berlin – München) zwischen Probstzella und Steinbach am Wald nach (13. Juni 1935).*

Rothenkirchen – Steinbach – Probstzella im Schiebedienst ein.

Nach den Erfolgen der bayerischen Bergkönigin, mit der die Fahrzeiten schwerer Güterzüge auf den Rampen etwa halbiert werden konnten, entschloß sich die Gruppenverwaltung Bayern der Deutschen Reichsbahn in den Jahren 1922/23, zehn weitere Maschinen der Mallet-Bauart zu beschaffen. Die Maschinen der zweiten Serie waren aber nicht mehr die unangefochtene Stars der Bergstrecken; fast zeitgleich erwuchs ihnen mit der deutlich leichteren, aber faktisch genauso leistungsfähigen preußischen T 20 eine ernsthafte Konkurrenz. Nur ausgefuchste Lokführer waren in der Lage, die enorme Leistung der wegen ihres Mallet-Triebwerks zum Schleudern neigenden Gt 2x4/4 auch unter ungünstigen Bedingungen auf die Schienen zu bringen.

Verständlicherweise wurmte die bayerischen Lokomotivbauer die preußische Offensive. Abhilfe konnte nur gründliche Nacharbeit an den Maschinen schaffen. Nachdem die stahlblau lackierte 5773 der zweiten Bauserie auf der Eisenbahntechnischen Ausstellung in Seddin im Herbst 1924 die Leistungen bayerischen Lokomotivbaus unter Beweis gestellt hatte, wurde sie als erste der zweiten Serie vom Stand weg zu Maffei nach München beordert. Größere Zylinderdurchmesser im Hochdrucktriebwerk sollten der Schleuderfreudigkeit ein für alle Mal Einhalt gebieten.

Bayerische Überlegenheit

Der Umbau, der den Maschinen auch optisch gut zu Gesicht stand – sie wirkten mit ihrem neuen breiten Kamin noch wuchtiger –, war ein voller Erfolg; der Vorsprung gegenüber der preußischen Konkurrenz war wieder hergestellt. Alte Buchfahrpläne der Frankenwaldrampe bescheinigten schwarz auf weiß die Güte der Nachbesserungen in München: Zwischen Rothenkirchen und Probstzella durften die mittlerweile als Baureihe 96 bezeichneten Maschinen solo 450 Tonnen über den Berg schleppen; die preußische Konkurrenz T 20 mußte sich mit einer Grenzlast von 400 Tonnen begnügen. Ende der zwanziger Jahre setzte das Bw Eger die 96er im Schiebebetrieb auf der Rampe Franzensbad – Asch ein. Vom westfälischen Brügge aus war die 96, ebenfalls seit Ende der zwanziger Jahre, oft sogar vor Personenzügen auf der Steilstrecke nach Lüden-

***Oben:** Im Bw Aschaffenburg entstand 1927 die Aufnahme der kurz zuvor bei J. A. Maffei umgebauten Lok 5768.*

***Unten:** Kurz vor ihrer Ausmusterung zeigte sich die 96 001 im Jahr 1931 in ihrem Heimat-Bw Brügge dem Fotografen.*

scheid unterwegs. Ihren Weg auf eine der bekanntesten Rampen in Bayern fanden die 96er allerdings erst spät. Als beim Bau der Autobahn Nürnberg – Berlin ab 1935 Material auf die Münchberger Hochfläche transportiert werden mußte, zeigte die Baureihe 96 vor schweren Bauzügen erstmals auf der Schiefen Ebene von Neuenmarkt-Wirsberg nach Marktschorgast, was in ihr steckte.

In den dreißiger Jahren hatte die einst größte Lok Europas allerdings ihren Zenit bereits überschritten. Die ersten Maschinen wurden 1936 in Brügge ausgemustert. Im Zweiten Weltkrieg verschlissen die wartungsintensiven Maschinen zusehends. Mit hohen Schadbeständen und langen Werkstattaufenthalten überstanden sie, zuletzt im Bw Aschaffenburg konzentriert, mehr schlecht als recht die Wirren des Krieges. Bereits zwei Jahre nach Kriegsende quittierte die 96 011 am 4. März 1947 als letzte westdeutsche Maschine den Dienst. Beim RAW Stendal hielten sich die 96 002 und die 96 024 noch bis ins Jahr 1954 im Rangierdienst.

Die als Museumslok vorgesehene Aschaffenburger 96 008 entging zunächst der Ver-

schrottung. Nachdem für sie aber im Verkehrsmuseum Nürnberg kein Platz frei war, fiel sie schließlich doch am 14. Mai 1952 dem Schneidbrenner zum Opfer. Mit dem sang- und klanglosen Abgang der Baureihe 96 wollten sich Eisenbahnfreunde aus aller Welt nie abfinden. Bis heute halten sich hartnäckig Gerüchte, daß irgendwo doch noch eine der legendären Bayern-Mallets die Wirrnisse der Kriegs- und Nachkriegszeit überlebt hat.

Die Märklin-Modelle

1994 präsentierte Märklin auf der Nürnberger Spielwarenmesse seine neue Bayern-Mallet der Baureihe 96, die in puncto Detaillierung durchaus dem Standard eines Kleinserienmodells entspricht. Am Gehäuse aus Zinkdruckguß sind zahllose Details wie Pumpen, Leitungen, Lampenhalter und Griffstangen separat eingesetzt. Eine ausgefuchste Konstruktion der Lichtleiter läßt die Stirnbeleuchtung wie bayerische Petroleumlaternen schimmern. Dank ihrer gelenkigen Bauart schafft die 96 trotz ihrer beachtlichen Größe im Gegensatz zu manchem Kleinserienmodell auch den Industriekreis aus dem M-Gleis-Sortiment problemlos. Wahlweise überträgt ein drei- oder fünfpoliger Trommelkollektormotor sein Drehmoment über ein Stirnradgetriebe auf die letzte Kuppelachse. Die übrigen drei Kuppelachsen des hinteren Fahrwerkteils werden lediglich über die zierlichen Kuppelstangen angetrieben. Die vordere Treibradgruppe kommt angesichts des enormen Drehmoments des Motors und des hohen Gewichts der Lok ohne Antrieb aus. Alle Modelle der 96 verfügen wahlweise über ein Delta-Modul oder einen c90-Decoder. Die Märklin-Kurzkupplung mit Kulissenführung ermöglicht wie beim Vorbild, Puffer an Puffer zu fahren.

Noch bevor die Reichsbahnversion der 96 in den Fachhandel rollte, stellte Märklin ein Modell der Riesen-Mallet im silberfarbigen Metallfinish (83496) vor, bei dem sich augenscheinlich die zahlreichen in Schwarz gehaltenen Details abhoben. 1995 produzierte Märklin für die Märklin-Händler-Initiative (MHI) das Modell der Gt 2x4/4 5773 im eleganten blauen Lack und ohne den charakteristischen Schornsteinaufsatz. Die Lok war mit Delta-Modul (3498) oder c90-Decoder (3798) sowie als Hamo-Lok (8398) zu haben. Ebenfalls nur 1995 verließ die schwarze Reichsbahn-96 in Hamo-Ausführung (8396) die Göppinger Werkshallen. 1997 stellte Märklin der Reichsbahn-Mallet eine Version im grünen Farbkleid der Gruppenverwaltung Bayern als Gt 2x4/4 mit der Bahnnummer 5768 zur Seite. Die Maschine wird in Delta- (34962) und Digitalausführung (37962) gefertigt. Trix bietet das Modell für das Zweischienen-Gleichstromsystem an.

Oben: *Die 96 016 hilft am 21. Mai 1932 dem aus elf Wagen gebildeten D 39 von München nach Berlin über die südliche Rampe der Frankenwaldbahn. Zuglok ist eine S 3/6.*

Die Märklin-Vorbilder

96 017 (Märklin-Modell 3496/3796)

Ihr gesamtes Lokomotivleben verbrachte die 96 017 auf den drei berühmten Rampenstrecken im Spessart, Frankenwald und Fichtelgebirge. Am 12. Februar 1923 begann die Maschine unter ihrer damaligen Bezeichnung 5767 beim Bw Rothenkirchen am Fuß der Frankenwaldsüdrampe ihre Laufbahn. Zusammen mit den Schwestermaschinen 96 002 und 96 023 gehörte sie zur ersten Staffel, die ab Mai 1935 Schiebe- und Bauzugdienst auf der Schiefen Ebene von Neuenmarkt-Wirsberg nach Marktschorgast leistete. Zwischen 19. April und 7. Juni 1940 machte die 96 017 nochmals einen Abstecher nach Rothenkirchen, um dann die

***Oben:** 1997 stellte Märklin eine Version der Riesen-Mallet im grünen Farbkleid als Gt 2x4/4 5768 in Ausführung der Gruppenverwaltung Bayern der Deutschen Reichsbahn vor.*

letzten Jahre ihrer Dienstzeit von Aschaffenburg aus im Schiebedienst auf der Spessartrampe zu verbringen. Seit 4. Mai 1946 war die Lok abgestellt, am 24. Februar 1947 wurde sie dann offiziell von der Ausbesserung zurückgestellt. In den Wirrnissen der Nachkriegszeit verfügte am 20. September 1948 die Hauptverwaltung der Eisenbahnen in den westlichen Besatzungszonen die Ausmusterung der Lok. Nachdem das offenbar nicht genügte, musterte die Direktion Nürnberg die Lok am 5. Oktober 1948 zum zweiten Mal aus. Am 13. Mai 1949 schließlich rollte die 96 017 auf den Lokfriedhof in Mülheim-Speldorf.

5768 spätere 96 018 (Märklin-Modell 34962/37962)

Das Lokomotivleben der 96 018 verlief ähnlich dem der 017 in geordneten Bahnen ausschließlich auf den drei fränkischen Rampenstrecken. Zehn Tage nach ihrer Schwesterlok mußte sie sich am 22. Februar 1923 beim Bw Rothenkirchen erstmals im Schiebedienst bewähren. Nach kurzen Stippvisiten auf der Spessartrampe in den Jahren 1924 und 1927 blieb die Lok bis 1941 im Frankenwald. Seit dieser Zeit gehörte sie zum Bw Aschaffenburg, kehrte 1942 allerdings nochmals kurze Zeit leihweise nach Rothenkirchen zurück. Für die Zeit nach 1944 widersprechen sich die Angaben. Nach einem Schreiben der RBD Nürnberg gilt die Lok seit Juli 1944 als ausgemustert. Andere Quellen weisen die Maschine noch 1945 als Schadlok aus. Um ganz sicher zu gehen, musterte die Hauptverwaltung der Eisenbahnen in den westlichen Besatzungszonen die Lok am 30. Oktober 1948 nochmals aus. Zu diesem Zeitpunkt hatte man schon begonnen, die Lok in Ingolstadt zu zerlegen.

Das blaue Wunder

5773 spätere 96 023 (Märklin-Modell 3498/3798)

Der Lebenslauf der 5773 erscheint auf den ersten Blick ähnlich unspektakulär wie der ihrer Schwesterlok 96 017, zumal sich die Stationierungen und Einsätze beider Loks weitgehend gleichen. Und doch war die 5773 etwas Besonderes. Als eine der jüngsten Entwicklungen der Müncher Lokschmiede Maffei demonstrierte sie im eleganten blauen Farbkleid zusammen mit der ebenfalls blauen S 3/6 3709 die Erfolge des bayerischen Lokomotivbaus im Herbst 1924 auf der Eisenbahntechnischen Ausstellung in Seddin. Die zweifellos vorhandenen Schwächen der Maffeischen Mallet-Konstruktion gerade im Vergleich zur preußischen T 20 waren den bayerischen Lokkonstrukteuren damals bereits schmerzlich bewußt geworden; der Umbau der 5773 als erste ihrer Baureihe war beschlossene Sache. Am 18. April 1925 rollte das Blaue Wunder nur gut zwei Jahre

Technische Daten Baureihe 96	
Bauart	D'Dh4v (Mallet)
Beschaffungszeit	1913 – 1923
Gesamtserie	25 Exemplare
Länge über Puffer	17.700 mm
Treibraddurchmesser	1216 mm
Dienstmasse	127,6 t
Achslast	16,4 t
Höchstgeschwindigkeit	50 km/h
Leistung	1470/1630 PS
Ausmusterung	DR West 1947; DR Ost

nach seiner Ablieferung erneut in die Maffeischen Werkshallen in der Münchner Hirschau. Mit wenigen, optisch vor allem am weiteren Schornstein erkennbaren und überaus wirkungsvollen Detailänderungen präsentierte die Gruppenverwaltung Bayern der Deutschen Reichsbahn die noch immer blau lackierte Lok im Jahr 1925 auf der Deutschen Verkehrsausstellung in München. Am 29. August 1925 unternahm die Lok ausgiebige Probefahrten im Großraum München. Nach ihrem Einsatz auf der Schiefen Ebene in den Jahren 1935 und 1936 kehrte die längst als 96 023 bezeichnete Maschine im Gegensatz zu ihrer Schwesterlok 96 017 vorzeitig nach Rothenkirchen zurück. Seit 1941 lief sie vom Bw Aschaffenburg aus im Schiebedienst auf der Spessartrampe. Nachdem der einstige Stolz von Seddin und München seit 26. Juli 1946 im Bw Aschaffenburg abgestellt war, wurde die Maschine am 30. Mai 1947 von der Ausbesserung zurückgestellt. Wie bei den meisten Bayern-Mallets genügte auch bei der 96 023 keine einmalige Ausmusterung. Nachdem die Hauptverwaltung die Maschine am 20. September 1948 aus den Bestandslisten gestrichen hatte, musterte die Direktion Nürnberg die Lok am 5. Oktober 1948 ein zweites Mal aus. ◀

Oben: *Für viele ist sie auch im Modell die schönste 96: die 5773 im blauen Farbkleid, daß ihr Vorbild anläßlich zweier Ausstellungen erhalten hatte.*

Unten*: Die Mallet als 96 017 der Deutschen Reichbahn.*

Rechts: *Bis in die frühen sechziger Jahre konnten die als Baureihe 89.8 bezeichneten ehemaligen bayerischen Tenderloks der Gattung R 3/3 im Rangierdienst und vor leichten Personenzügen beobachtet werden.*

R 3/3 – SCHNUCKELIGE TENDERLOKOMOTIVE

Auf eine Leserfrage antwortete das Märklin-Magazin einst, die kleine Tenderlokomotive mit der Artikelnummer 3029 sei weitgehend der Phantasie ihres Konstrukteurs entsprungen. Allenfalls vage Parallelen bestünden zu einer Henschel-Werkslok. Die kleine Tenderlok ähnelt aber noch einer ganz anderen Maschine, was die Vermutung nahe legt, der Konstrukteur habe ins gar nicht allzu ferne Bayern gespäht. Bis auf das Führerhaus gleicht die kleine Tenderlok in vielen Bereichen nämlich der bayerischen R 3/3, die als Baureihe 89.8 noch bis Anfang der sechziger Jahre in der Nähe von Würzburg mit ihrem Personenzügchen von Dettelbach Bahnhof nach Dettelbach Stadt dampfte.

Das Modell der kleinen Tenderlok, die mit lediglich einer angetriebenen Achse auskommen mußte, begann 1960 seinen Siegeszug in den Kinderzimmern. Gerade 15 Mark kostete das Maschinchen, das doch so viel Spielvergnügen versprach. Von Anfang an bot Märklin die Lok in den Zugpackungen mit roten Zylindern an, im Einzelverkauf dagegen mit den aufwendiger schwarz abgesetzten Zylindern und mit silbern nachgezogenen Griffstangen am Führerhaus. Nach lediglich zehn Jahren verschwand die liebenswerte Tenderlok 1970 von den Katalogseiten. Ihr Preis lag inzwischen bei 22 Mark.

Technische Daten Baureihe 89.8

Bauart	Cn2
Beschaffungszeit	1921 – 1923
Gesamtserie	90 Exemplare
Länge über Puffer	9970 mm
Treibraddurchmesser	1216 mm
Dienstmasse	47,6 t
Achslast	16,3 t
Höchstgeschwindigkeit	45 km/h
Leistung	430 PS
Ausmusterung	um 1964

Unter der Bezeichnung Antex bot Märklin zwischen 1964 und 1972 eine ungewöhnliche Version der Lok speziell für Zugpackungen in den Benelux-Ländern an. Unlackierte Räder und die fehlende mittlere Achse verliehen der schwarzen Lok eine völlig neue Optik. 1975 und 1976 bot Märklin die überaus preiswert gehaltene Maschine auch mit grünem Aufbau an. Ohne elektrischen Fahrtrichtungsschalter hielt sich der originelle Zweiachser von 1969 bis 1974 auch im Primex-Programm. Allerdings stand dem spartanisch ausgestatteten Modell seit 1972 auch wieder die bewährte dreiachsige Version mit roten Rädern aus dem Märklin-Programm zur Seite (3020).

Renaissance im Export

Noch bis 1980 bereicherte die kleine Tenderlok das Primex-Sortiment. Zum 15jährigen Primex-Jubiläum erschien das Maschinchen nochmals in grün-schwarzer Lackierung, die schon recht nah am bayerischen Original war, als Zuglok für den Jubiläumsgüterzug.

Aber auch im Hauptsortiment feierte Märklins Kleinste ihre Renaissance. Für den dänischen Exportmarkt gab es 1984 die Maschine mit der Betriebsnummer 658 F und einem in den Landesfarben gehaltenen Schornstein in der Zugpackung 0984. Ebenfalls für den Export nach Dänemark bot Märklin in den Jahren 1986 und 1987 letztmals ein Modell der kleinen Lokomotive als 500 F mit zusätzlich angebrachter Speisepumpe an, dieses Mal aber mit schwarzen Rädern. ◄

***Oben:** Im Bw München Hbf wurde die 89 818 abgelichtet.*

***Unten:** Mit roten Zylindern kam das Modell in die Startpackungen.*

***Oben:** Um auch auf weniger rentablen Nebenstrecken einen wirtschaftlichen Betrieb zu realisieren, beschafften die württembergischen Staatsbahnen ab 1905 Dampftriebwagen.*

DER KITTEL – NEBENBAHNRETTER VON EINST

Schon in der Pionierzeit der Eisenbahn ließen die Betriebsergebnisse vieler Nebenstrecken zu wünschen übrig. Eine Möglichkeit, die Wirtschaftlichkeit zu verbessern, boten sparsamere Fahrzeuge. Für Nebenbahnen mit schwachem Personenverkehr reifte deshalb bald der Entschluß, statt relativ schwerer Lokomotiven leichte Dampftriebwagen einzusetzen. Die mehr oder minder erfolgreichen Konstruktionen der Jahre 1830 bis 1890 erreichten aber kaum mehr als den Stand von Prototypen. Den Durchbruch schaffte zu Beginn der neunziger Jahre ein Wagen der französischen Société Serpollet in Paris mit einem speziellen Röhrenkessel.

Es dauerte nicht lange, bis die Königlich Württembergischen Staatseisenbahnen auf die Serpollet-Dampftriebwagen aufmerksam wurden, die ihnen als probates Mittel erschienen, wenig rentable Strecken wirtschaftlich zu bedienen. Im Jahr 1897 beschaffte Württemberg unter der Bezeichnung DW 1 zunächst einen Prototypen bei Serpollet. Zwei Jahre später begann die Maschinenfabrik Esslingen, sechs weitere Dampfwagen zu bauen, in denen Serpollet-Anlagen für den Antrieb sorgten.

Im täglichen Einsatz offenbarten die Kessel französischer Bauart schnell ihre systembedingten Schwächen; das Röhrensystem wurde

Technische Daten Kittel-Dampftriebwagen

Bauart	**A1**
Beschaffungszeit	**1905 – 1915**
Gesamtserie	**18 Exemplare**
Länge über Puffer	**10.966/11.436 mm**
Treibraddurchmesser	**1000 mm**
Dienstmasse	**23/24,5 t**
Achslast	**13,7/14,5 t**
Höchstgeschwindigkeit	**50 km/h**
Leistung	**81 PS**
Ausmusterung	**1954**

häufig undicht, und teilweise brannten die bis zur Rotglut erhitzten Rohre des Serpollet-Kessels durch. Außerdem ging den Serpollet-Wagen wegen des im Vergleich zu herkömmlichen Kesseln fehlenden Dampfraums an Steigungen öfters die Puste aus. Abhilfe aus der Misere boten die etwa zur gleichen Zeit von Eugen Kittel, dem Oberingenieur der württembergischen Staatsbahnen, entwickelten und nach ihm benannten stehenden Flammrohrkessel. 1905 lieferte die Maschinenfabrik Esslingen mit dem DW 8 (Märklin-Modell 3425) das erste einer Serie von zehn Fahrzeugen, die bald nur noch unter der Bezeichnung Kittel-Dampftriebwagen bekannt waren.

1908 erhielten auch die sechs Esslinger Serpollet-Wagen DW 2 bis DW 7 Flammrohrkessel der Bauart Kittel; der Prototyp von Serpollet wurde ausgemustert. Die Erfolge der Kittel-Dampftriebwagen sprachen sich schnell im Verein Deutscher Eisenbahnverwaltungen herum. Neben zahlreichen anderen Bahnen bestellten die Großherzoglich Badischen Staatseisenbahnen 1914 acht als DT 1 bis DT 8 bezeichnete Kittel-Dampftriebwagen bei der Maschinenfabrik Esslingen, allerdings mit im Vergleich zum Württemberger Original von 4,60 auf 5,50 Meter vergrößertem Radstand bei weitgehend unverändertem Aufbau. Die kleinen Dampftriebwagen bewährten sich auf zahlreichen süddeutschen Nebenbahnen überaus gut. Mit den beiden badischen Vertretern DT 1 und DT 8 erlebten die Kittel-Dampftriebwagen sogar noch das Bundesbahnzeitalter. Das Bw Freiburg setzte die beiden letzten Kittel im eleganten weinroten Farbkleid bis Mitte der fünfziger Jahre auf der Strecke Müllheim – Neuenburg im Markgräfler Land ein.

***Oben:** Die bald nur noch als Kittel-Dampftriebwagen bezeichneten Fahrzeuge bewährten sich auf zahlreichen Nebenbahnen in Süddeutschland. Einige erlebten sogar noch das Zeitalter der Deutschen Bundesbahn. Das urige Fahrzeug bot 44 Reisenden Platz, wobei sich vier mit Stehplätzen begnügen mußten.*

Die Märklin-Modelle

Eine willkommene Gelegenheit, das Märklin-Programm um einen Dampftriebwagen zu erweitern, bot das Jubiläum „150 Jahre Eisenbahn in Württemberg“. Zwar nicht mehr zu den Feierlichkeiten im Jahr 1995, dafür aber bereits im darauffolgenden Frühjahr präsentierte Märklin seinen Kittel-Dampftriebwagen (3425), der in Zusammenarbeit mit Trix komplett aus Metall entstand. In einer einmaligen Sonderserie war das Modell als württembergischer DW 8 und auch als DW 14 erhältlich. Das fein gravierte, rotbraun lackierte Gehäuse aus Zinkdruckguß mit seinen zahlreichen angesetzten Details sitzt auf einem zweiachsigen Fahrwerk aus dem gleichen Material. Ein kleiner dreipoliger Flachmotor mit schräggenutetem Anker und Schwungmasse treibt via Messingschnecke ein Stirnradgetriebe an, das auf die erste Treibachse wirkt. Ein Delta-Modul steuert den Fahrtrichtungswechsel und macht den Dampfwagen auf Wunsch digitaltauglich. 1998 folgte dem Württemberger Dampftriebwagen das badische Pendant im roten Bundesbahnlack als CidT8 mit vergrößertem Radstand, sonst aber weitgehend gleicher Ausstattung (34251).

***Unten:** In Zusammenarbeit mit der Firma Trix entstand das Modell des Dampftriebwagens.*

***Oben:** Nebenbahnen in Württemberg waren das bevorzugte Einsatzgebiet der T 5. Die später bei der Reichsbahn als Baureihe 75.0 geführten Maschinen konnten sich hier besonders gut bewähren. Im Jahr 1953 gelang diese Aufnahme im landschaftlich reizvollen Donautal bei Hausen: Die 75 011 zieht einen für die damalige Zeit typischen Personenzug.*

BAUREIHE 75.0 – ERSTE DEUTSCHE PRÄRIELOK

Lokomotiven mit der symmetrischen Achsfolge 1'C1' gab es schon 1856 in Österreich. Bis sich eine der deutschen Länderbahnen dazu entschloß, eine Lok mit dieser Radsatzanordnung zu beschaffen, sollten allerdings mehr als vier Jahrzehnte vergehen. Erst 1900 wagten die Großherzoglich Badischen Staatsbahnen den Schritt zu dieser Bauart, die ausgeglichene Laufeigenschaften in beiden Fahrtrichtungen versprach. Die bei Maffei beschafften badischen VI b mit Naßdampftriebwerk waren ein voller Erfolg.

Neidvoll blickte Württemberg zum westlichen Nachbarn. Den Königlich Württembergischen Staatseisenbahnen fehlte nämlich eine solche gleichermaßen leistungsfähige wie universell einsetzbare Tenderlok. 1908 entschied sich Württemberg, eine der badischen VI b ähnliche Maschine zu entwickeln und ging dabei technisch sogar noch einen Schritt weiter. Als erste Heißdampflok der Präriebauart 1C1 in Deutschland lieferte die Maschinenfabrik Esslingen 1910 die T 5 mit der Bahnnummer 1201. Als untrügliches Kennzeichen der ersten 16 Maschinen war der Dampfdom auf dem vorderen Kesselschuß, der kleinere Sanddom auf dem hinteren Kesselschuß untergebracht.

Für die zweite Bauserie mit den Bahnnummern 1217 bis 1237 änderte die Maschinen-

Technische Daten Baureihe 75.0

Bauart	1'C1'h2
Beschaffungszeit	1910 – 1920
Gesamtserie	96 Exemplare
Länge über Puffer	12.200 mm
Treibraddurchmesser	1450 mm
Dienstmasse	69,5 t
Achslast	14,7 t
Höchstgeschwindigkeit	90 km/h
Leistung	880 PS
Ausmusterung	1963

fabrik Esslingen erstmals die Konstruktion. Dampf- und Sanddom tauschten ihre Plätze auf dem Kesselscheitel, außerdem wuchs der Kohlenkasten in die Höhe.

Noch bevor die letzte T 5 die Maschinenfabrik Esslingen verlassen hatte, mußten die württembergischen Staatsbahnen nach dem Ersten Weltkrieg im Jahr 1919 die Maschinen 1205, 1217 und 1248 an die Französische Nordbahn abgeben. Die verbliebenen 93 Loks, die ab Mitte der zwanziger Jahre die Reichsbahnnummern 75 001 bis 75 093 bekamen, hatten sich im Stuttgarter Vorortverkehr und auf fast allen württembergischen Strecken vor Personen- und Güterzügen bewährt. Wegen ihrer Laufruhe auch bei Tempo 80 kamen die T 5 auf der Gäubahn zwischen Stuttgart und Immendingen des öfteren sogar zu Schnellzugehren.

Die Bundesbahn übernahm 89 Loks und setzte sie weiterhin auf ihren Stammstrecken ein. Bereits 1959 wanderten zahlreiche 75.0 aufs Abstellgleis. Zum Abschied der beliebten Baureihe brachte die 75 042 am 20. Juni 1963 letztmals den P 4545 nach Aulendorf. Mit einem Festakt und zahlreichen Gästen endete die Ära der Tenderlok. Die 75 042 sollte als letzte T 5 eigentlich erhalten bleiben. Das Schicksal wollte es aber anders: sie wurde 1968 verschrottet.

Die Märklin-Modelle

Nach den gleichen Baugrundsätzen, die Märklin 1981 mit der T 18 auch bei Tenderloks eingeführt hatte, entstand 1984 die vielseitig verwendbare württembergische T 5 mit der Bahnnummer 1206 in grün-schwarz-roter Länderbahnlackierung (3312). Rauchkammer, Kessel, aber auch das originelle Schornsteindeckelchen sind aus Metall gefertigt, Wasserkästen und Führerhaus sowie die zahlreichen angesetzten Details bestehen aus Kunststoff. Ein Standardmotor treibt über ein Stirnradgetriebe die durch Zahnräder verbundenen Kuppelachsen an. In Verbindung mit einer Vorschaltelektronik sorgt ein Umschaltrelais für einen ruckfreien Fahrtrichtungswechsel. Die Lok behauptete sich bis 1988 im Märklin-Programm, die Hamo-Version der Lok war bis 1996 zu haben.

Zeitgleich mit der Länderbahnlok präsentierte Märklin 1984 zum 125jährigen Firmenjubiläum als Sonderserie einen württembergischen Nahgüterzug der Länderbahnzeit, den die ebenfalls grün-schwarz-rote T 5 1205 schleppte (Zugpackung 2857). Als erste Märklin-Lok rollte die 1205 patiniert in den Handel.

***Oben:** Im grün-schwarz-roten Look der württembergischen Länderbahnzeit präsentiert sich die T 5 1231 mit einem kurzen Güterzug.*

Für das DB-Modell 75 042 (3313) entwickelte Märklin 1985 ein komplett neues Werkzeug zur Kesselfertigung. Wie beim Vorbild tauschten Sand- und Dampfdom auf dem Kesselscheitel ihre Plätze. Zusätzliche Armaturen ließen die Lok wesentlich wuchtiger erscheinen; das Fahrwerk und die Antriebstechnik blieben unverändert. Märklin fertigte die Lok bis 1987, für das Hamo-Programm bis 1996.

1989 adaptierte Märklin die Bundesbahn-75 für den Einsatz vor einem als Sonderserie erhältlichen Reichsbahnpersonenzug (2660/2860). Neben der geänderten Beschriftung als 75 057 verschwand auch das dritte Spitzenlicht zugunsten neuer Laternen, die Märklin bislang nur an dieser Version der Lok verwendete. Erstmals war die Maschine mit der neuen Kurzkupplung ausgestattet.

Als Sonderserie vornehmlich für den französischen Markt erschien 1994 das Modell der 131 TA 3 im gänzlich schwarzen Farbkleid der SNCF (3413). Die mit Delta-Modul ausgestattete Maschine entsprach vom Aufbau her dem ursprünglichen württembergischen Länderbahntyp (3312). Als weitere Variante präsentierte Märklin 1995 die T 5 mit der Bahnnummer 1208 im grau-schwarzen Fotografieranstrich (3412). Seit 1997 steht der grau-schwarzen Länderbahnlok wieder eine Vertreterin in Grün, Schwarz und Rot zur Seite, die allerdings die Domanordnung und die Kesselarmaturen der Reichs- und Bundesbahnversion früherer Jahre aufweist (33121).

***Oben:** Portrait der „Schönen Württembergerin". Der kleine Kragen auf dem Schornstein ist ein Charakteristikum.*

***Unten:** Die C 2007 wird gerade mittels einer Lokwaschpumpe gereinigt. Das Wasser kommt aus dem Tender.*

BAUREIHE 18.1 – SCHÖNE WÜRTTEMBERGERIN

Die Württemberger C, von vielen nur als „Schöne Württembergerin" bezeichnet, gilt zu Recht als eine der gelungensten Länderbahndampfloks. Mit ihren eleganten, fließenden Formen und dem modernen Vierzylinder-Verbundtriebwerk war sie nicht nur eine der schönsten, sondern auch eine der leistungsfähigsten Maschinen ihrer Zeit. Und doch stand die C immer im Schatten ihrer süddeutschen Konkurrentinnen: der bayerischen S 3/6 sowie der IV f und IV h aus Baden.

Die Schöne Württembergerin wurde deshalb auch nicht ausschließlich als leistungs-

starke Schnellzuglok für die neigungsreichen württembergischen Hauptbahnen gebaut. Vielmehr verfolgten die schwäbischen Lokomotivingenieure das ehrgeizige Ziel, den erfolgreichen Maschinen aus Maffeischer Produktion Paroli zu bieten.

Kein Barrenrahmen ...

1908 erhielt die Maschinenfabrik Esslingen von den Königlich Württembergischen Staatseisenbahnen den Auftrag, eine Heißdampf-Pacific zu bauen, die lediglich bei besonders schweren Zügen auf der Geislinger Steige eine Schiebelok benötigte. Trotz der unbestrittenen Erfolge der S 3/6 und der artverwandten IV f beschritten die württembergischen Lokomotivbauer weitgehend eigene konstruktive Wege. Mit den beiden Maschinen von Maffei hatte die C lediglich die Achsfolge 2'C1' und das Prinzip der doppelten Dampfdehnung in einem Vierzylinder-Triebwerk gemein. Aber bereits beim Rahmen trennten sich die Wege. Statt des in Bayern seit der Jahrhundertwende üblichen Barrenrahmens verwendete die Maschinenfabrik Esslingen für die C einen klassischen durchgehenden Blechrahmen mit einem außenliegenden Hilfsrahmen, der die elegante Linie der Lok überhaupt erst ermöglichte. Die Entscheidung gegen einen Barrenrahmen fiel freilich nicht aus bloßer Überzeugung; in Esslingen fehlte es zur damaligen Zeit schlicht an Möglichkeiten, die filigranen und dennoch stabilen Fahrwerksträger zu schmieden.

... dennoch perfekte Optik

Die technischen Defizite glich Esslingen mit stilistischen Mitteln aus: Ein aufgeräumter Kessel mit verkleideten Domen ohne störende Rohrleitungen, aber auch das kuppelförmig gewölbte Führerhaus setzten wohltuende Akzente im Vergleich zum badisch-bayerischen Stil. 1909 rollten die ersten fünf C mit graublauer Glanzblechverkleidung aus den Hallen der Maschinenfabrik Esslingen. Trotz gewisser technischer Zugeständnisse gegenüber der Konkurrenz aus Bayern hielt die Technik der C, was die Optik versprach. Bereits im Juli und August 1909 zeigten die Maschinen mit den Bahnnummern 2003 und 2005 bei Testfahrten eindrucksvoll, was in ihnen steckt. Mit gut 1800 PS Zylinderleistung rückte die C durchaus in die Nähe der S 3/6. Nach den Erfolgen der fünf Prototyploks folgten zwischen 1910 und 1921 weitere 36 Maschinen, die großteils bereits ab Werk mit dem größeren Tender T 31,5 gekuppelt waren. Im Rahmen der Waffenstillstandslieferungen mußte Württemberg 1919 die Maschinen 2001, 2026 und 2027 an Frankreich abgeben, die 2010 verließ Stuttgart im gleichen Jahr in Richtung Polen.

***Oben:** Die Gäubahn von Stuttgart nach Singen war eine der Stammstrecken der C. Im Rohrer Wald dampfte die 18 137 mit einem Schnellzug.*

Bis in die Zeit nach dem Zweiten Weltkrieg gelang es weder der bayerischen S 3/6 noch den Einheitsschnellzugloks, den mittlerweile als 18.1 bezeichneten Maschinen ihr angestammtes Einsatzgebiet streitig zu machen. Anfang der fünfziger Jahre konzentrierte die Bundesbahn alle verbliebenen 27 Maschinen beim Bw Ulm, das sie vor allem im Personen- und Eilzugdienst auf der württembergischen Südbahn nach Friedrichshafen einsetzte.

Als die bayerische S 3/6 ab 1953 schließlich doch die 18.1 aus Ulm verdrängte, begann die Ausmusterung der Schönen Württembergerin. Die letzten Maschinen kamen zwar noch zum Bw Heilbronn, aber bereits am 12. Mai 1955 quittierten die 18 133 und die 18 136 ihren Dienst. Als letzte Württemberger C

Rechts: *Mit dem Schnellzug 904 fährt die 18 102 am 17. Juni 1952 durch den Bahnhof Besigheim.*

Unten: *Die 18 137 fährt Vorspann beim D 69 (München – Stuttgart), aufgenommen um 1930.*

endete die 18 133 im Juli 1956 im Hauptsammellager Desching des AW Ingolstadt unter dem Schneidbrenner. Als sich die Maschinenfabrik Esslingen wenig später ihres vielleicht größten Wurfs erinnerte, war es leider schon viel zu spät …

Die Märklin-Modelle

Für das Modell der Württemberger C zog Märklin 1987 alle Register seines Könnens und zeigte, welche Standards bei Großserienmodellen möglich sind, wenn man die Produktions-

kosten außer Acht läßt. Komplett aus Metall gefertigt, konnte die in gediegenen blau-grauen Farbtönen gehaltene 2007 der Königlich Württembergischen Staatseisenbahnen mit einer bisher nicht dagewesenen Vorbildtreue aufwarten. Zahlreiche angesetzte Details und überaus filigrane Speichenräder überzeugten ebenso wie die zierliche Steuerung und mit Spezial-LEDs separat beleuchtete, freistehende Laternen. Dank einer speziellen Kulissenmechanik rückten die Lok und ihr kleiner württembergischer Tender vom Typ T 20 vorbildgerecht eng aneinander. Am Tender montierte Märklin die im Jahr zuvor präsentierte Märklin-Kurzkupplung mit Kulissenführung.

Ein längs im Stehkessel eingebauter siebenpoliger Glockenankermotor vom Typ Faulhaber überträgt sein Drehmoment über ein Präzisions-Winkelgetriebe auf die letzte Kuppelachse, das im Gegensatz zum Schneckengetriebe einen vorbildgerechten Auslauf ermöglicht. Von dort wird die Antriebskraft lediglich über die Kuppelstangen auf die beiden anderen Radsätze übertragen. In der Summe sorgt der ausgefeilte Antrieb für Fahreigenschaften wie beim Original. Märklin lieferte die Maschine bis 1993 wahlweise mit ungeregeltem Antrieb (3311), in einer Version mit Anfahrverzögerung, lastabhängiger Drehzahlregelung und einstellbarer Höchstgeschwindigkeit (3511) sowie als Variante mit Digitaldecoder und separat schaltbarem Spitzenlicht (3611).

MHI-Sondermodelle

Ab 1990 stand der eleganten blauen Württemberger C die Länderbahnmaschine 2004 in schwarz-rotem Einheitslack zur Seite. Die Maschine unterschied sich neben der Farbgebung lediglich durch das fehlende dritte Spitzenlicht von ihrer Vorgängerin. Märklin lieferte die Maschinen bis 1993 mit geregeltem Hochleistungsantrieb (3514) und in der Digitalausführung ohne elektronisches Motormanagement (3614).

Als spezielles Modell für die Händler der Märklin-Händler-Initiative (MHI) fertigte Märklin die schwarze C im Jahr 1992 auch mit Reichsbahnbeschriftung, die lediglich über die ursprünglichen Länderbahnanschriften geklebt war (3513/3613). Um die Exklusivität des nur in geringer Stückzahl produzierten Modells zu unterstreichen, lieferte Märklin passend zur Lokomotive einen Holzsockel mit der Aufschrift „1990 1992" auf dem ein K-Gleisstück montiert war.

Oben: *Trotz der relativ geringen Last des Personenzuges 900, den am 19. Juni 1931 die 18 114 am Haken hat, ist an der Geislinger Steige die Mithilfe einer 95 am Zugschluß notwendig. Diese hat noch einen weiteren Personenwagen im Schlepp.*

Für das Modelljahr 1995 erfuhr die Württemberger C einschneidende Änderungen. Um die späte Bundesbahnversion der 18 128 nachzubilden, mußte das kuppelförmige Führerhausdach einem lediglich entlang der Fahrzeuglängsachse gewölbtem Typ weichen. Die filigranen Stangenpuffer der Länderbahnzeit ersetzte Märklin durch Hülsenpuffer der Standardbauart. Zahlreiche zusätzliche Kesselarmaturen verliehen der Lok ein wesentlich wuchtigeres Gepräge. Augenfälligster Unterschied der Maschine gegenüber ihren Vorgängerinnen war aber der neukonstruierte, deutlich größere Tender der württembergischen Bauart T 31,5. Erstmals lieferte Märklin ein Modell der Schönen Württembergerin wahlweise mit Delta-Modul (3411) oder mit digitalem Hochleistungsantrieb (3711). Mit den gleichen Antriebsvarianten fertigte Märklin für die MHI im Jahr 1996 die 18 137 in der Ausführung mit den olympischen Ringen an den Tenderseitenwänden als Sympathieträger für die Spiele 1936 in Berlin (34112/37112).

Oben: *Modell in Ausführung der Württembergischen Staatsbahnen in schwarzer Lackierung.*

Unten: *So sah das Märklin-Modell in den klassischen Länderbahnfarben aus.*

Die Märklin-Vorbilder

Die beiden Loks 2004 (3514, 3614) und 2007 (3311, 3511, 3611) begannen als Vertreterinnen der ersten Bauserie ihre Laufbahn beim Bahnbetriebswerk Stuttgart-Rosenstein, das sie im Schnellzugdienst auf der Strecke Heidelberg – Bruchsal – Mühlacker – Stuttgart – Ulm einsetzte, teilweise sogar vor dem Orient-Expreß. Zwar tauschten die Loks bereits gegen Ende des Ersten Weltkrieges ihre blaugraue Glanzblechverkleidung gegen das schwarzrote Einheitsfarbkleid, ihre alten württembergischen Bahnnummern behielten sie aber noch bis Mitte der zwanziger Jahre. Unter ihren neuen Reichsbahnbezeichnungen 18 103 und 18 106 (3513, 3613) blieben die beiden Lokomotiven bis Ende der vierziger Jahre auf den angestammten württembergischen Magistralen im Einsatz.

Die Märklin-Loks 18 127 (3411, 3711) und 18 137 (34112, 37112) entstammen den beiden letzten Bauserien der C von 1919 und 1921. Sie konnten sich beide bis Mitte der fünfziger Jahre im Betriebsdienst halten. Eine Sonderstellung nahm zweifellos die 2041, die spätere 18 137, ein. Als letzte C hätte sie in Esslingen eigentlich die Fabriknummer 3982 erhalten

Technische Daten Baureihe 18.1

Bauart	2'C1'h4v
Beschaffungszeit	1909 – 1921
Gesamtserie	41 Exemplare
Länge über Puffer	21.940 mm
Treibraddurchmesser	1800 mm
Dienstmasse	85,2/87,8 t
Achslast	15,9/16,0 t
Höchstgeschwindigkeit	115 km/h
Leistung	1840 PS
Ausmusterung	1955

müssen. Weil die traditionsreiche Maschinenfabrik aber ihr 75jähriges Firmenjubiläum feierte, tauschte die in elegantem Grün gehaltene 2041 ihre Fabriknummer mit einer Württemberger Tn. Die girlandenbekränzte 2041 verließ auf diese Weise mit der runden Fabriknummer 4000 am 8. September 1921 die Maschinenfabrik Esslingen. Erneut zu Ehren kam die Lokomotive im Jahre 1936, als sie mit den olympischen Ringen auf den Tenderseitenwänden für die Berliner Spiele des Friedens warb. So spektakulär das Lokomotivleben der 2041 verlief, so wenig beachtet endete es, als die 18 137 in den fünfziger Jahren verschrottet wurde.

Oben: *Württemberger C als 18 127 in DB-Ausführung.*

Unten: *Sonderserie der Olympia-18 137.*

***Oben:** Ursprünglich für den Münchner Vorortverkehr entwikkelt, kamen die P 2.II zur Pfalzbahn, die bis zu ihrer Verstaatlichung 1908 die größte Privatbahn in Deutschland war. Traditionell erhielten alle Lokomotiven Namensschilder, die auf den seitlich angebrachten Wasserkästen montiert waren.*

P 2.II – EINE PFÄLZERIN AUS MÜNCHEN

Sie ist klein, flink und überaus wendig und scheint damit geradezu für die kurvenreichen Bähnchen in der bayerischen Pfalz prädestiniert zu sein. Wie die meisten Loks der Pfalzbahn entstand auch die P 2.II in München.

Krauss entwickelte die Lok ursprünglich für den Münchner Vorortverkehr. Die Maschinchen verdienten ihre Meriten ab 1897 zunächst unter der altbayerischen Bezeichnung D XII auf den Strecken im Großraum München. Wegen ihrer hohen Geschwindigkeit von 90 km/h kamen sie auf kurzen Hauptbahnen des öfteren auch zu Schnellzugehren.

Im Jahr 1900 erkannte die damals noch selbständige Pfalzbahn die Vorzüge der zweifach gekuppelten Tenderlok, die dank des vorderen Krauss-Helmholtz-Gestells und des hinteren Drehgestells ein Fahrwerk ohne festen Radstand hatte. Deshalb bewältigte sie auch kurvenreiche Strecken mit leichten Schnellzügen echt flott. Zwischen 1900 und 1902 beschaffte die Pfalzbahn in fünf Bauserien insgesamt 31 Loks der Bauart P 2.II, die weitgehend den Loks im rechtsrheinischen Bayern entsprachen. Das offener gehaltene Führerhaus war ein Zugeständnis an das Klima am Oberrhein.

Nach guter Pfälzer Tradition erhielten alle P 2.II Namen fast ausnahmslos pfälzischer

Technische Daten Baureihe 73.0

Bauart	1'B2'n2
Beschaffungszeit	1897 – 1907
Gesamtserie	137 Exemplare
Länge über Puffer	11.850 mm
Treibraddurchmesser	1640 mm
Dienstmasse	68,6 t
Achslast	14,6 t
Höchstgeschwindigkeit	90 km/h
Leistung	nicht bekannt
Ausmusterung	um 1945

Orte, die in der Nähe des Schienenstranges lagen. Die Maschinen behielten ihre Namen auch, als Bayern 1908 die bis dato private Pfalzbahn in die Königlich Bayerischen Staatseisenbahnen eingliederte. Die Reichsbahn übernahm 28 P 2.II, die sie als 73 001 bis 73 028 bezeichnete. Die Loks mit den Namen „Berwartstein", „Erbach" und „Rehweiler" verließen 1920 die Pfalz und fanden bei den Saar-Bahnen eine neue Heimat. Bis Mitte der dreißiger Jahre setzte die Reichsbahn die ehemaligen Pfalzbahn-Loks im Personenzugdienst ein; einige Maschinen sollen sogar noch bis nach 1945 erhalten geblieben sein.

Das Märklin-Modell

Die bayerische D XII zählt schon seit Jahren in mehreren Varianten zu den Klassikern im Trix-Programm. Zum 150jährigen Jubiläum der Pfalzbahn adaptierte Märklin die kleine Maschine in der pfälzischen Ausführung für das Märklin-System. Neben kleinen bauartbedingten Änderungen am fein detaillierten, im eleganten Braunviolett der Pfalzbahn gehaltenen Kunststoffgehäuse erhielt die exakt der P 2.II entsprechende Maschine auch einen neuen Antrieb. Man fürchtete in Göppingen, daß der in frühere Trix-Modelle eingebaute, rauh laufende Motor ohne jegliche Schwungmasse bei den Märklin-Freunden auf wenig Gegenliebe stoßen würde. Ein kleiner Flachmotor mit schräggenutetem Anker und gedrehter Schwungmasse, ähnlich dem Antrieb des Glaskastens, sorgt für ausgeglichene Laufeigenschaften. Der Dreipoler überträgt sein Drehmoment via Messingschnecke auf das in Fahrzeugmitte liegende Stirnradgetriebe. Ein Delta-Modul macht die elegante Tenderlok auf Wunsch digitaltauglich. Die Lok wurde in einmaliger Auflage nur 1997 gefertigt.

Das Märklin-Vorbild

Das Vorbild der „Reinheim" (34121) wurde von Krauss 1901 im Rahmen der dritten Bauserie als Bahnnummer 267 für die Pfalzbahn gebaut. Als 73 011 blieb die Lokomotive in Diensten der Reichsbahndirektion Ludwigshafen bis 1934 auf ihren angestammten Strecken im Einsatz. Danach übernahmen modernere Dampflokomotiven die Personenzüge in den engen Wald- und Wiesentälern der Pfalz.

***Oben:** 28 Maschinen des Typs P 2.II wurden von der Reichsbahn übernommen und dort als Baureihe 73.0 geführt.*

***Mitte:** Mit viel Aufwand wurde das frühere Trix-Modell der bayerischen D XII von Märklin zur pfälzischen Variante adaptiert.*

VOM RHEINGOLD ZUR KRIEGSLOK

Die Reichsbahnzeit bringt wohl jeden Eisenbahnfan ins Schwärmen. Es ist die Epoche II – die Jahre, in denen Rekorde gefahren wurden, die teils Jahrzehnte hielten. Entscheidet sich der Modellbahner für diese Zeit, so hat er schier unerschöpfliche Einsatzmöglichkeiten bei Triebfahrzeugen und Wagen. In den zwanziger und dreißiger Jahren wurde die Dampflokomotive zur Reife entwikkelt, und die Ablösung durch die elektrische Zugförderung oder Maschinen mit Verbrennungsmotor schien lange nicht so zwangsläufig, wie sie sich heute darstellt.

In jenen Jahren zwischen 1925 und 1945 entstanden Schienenfahrzeuge, die technisch ihrer Zeit weit voraus waren. Man denke nur an den Schienenzeppelin mit seiner richtungsweisenden Leichtbauweise und der aerodynamischen Form. Er erreichte 1931 mit einem Heckpropeller, den ein Flugzeugmotor antrieb, einen Schienenweltrekord von 230 km/h. Dieser hielt bis in die Nachkriegszeit. Die Form des Fahrzeugs stand noch gut 20 Jahre später Modell für Trans-Europ-Express-Züge.

Zur selben Zeit bevölkerten aber auch noch zahlreiche Maschinen der Länderbahnzeit die Schienen. Die riesige bayerische Gt 2x4/4 etwa schob Schnell- und Güterzüge über Rampenstrecken im Spessart und Frankenwald, und die preußische P 8 ließ sich vor alles spannen, was auf Schienen gezogen werden mußte, ob es der Lumpensammler zum nächsten Rangierbahnhof war oder – falls die großen Pacific-Schnellzugloks unabkömmlich waren – der Luxuszug „Rheingold“. Dieser steht gewissermaßen als Symbol der schönen Seiten der Goldenen Zwanziger und der dreißiger Jahre, die zumindest aus der eisenbahnhistorisch verengten Rückschau zahlreiche unvergeßliche Höhepunkte hatten.

Zwischen Vergangenheit und Zukunft in jenen zwei Jahrzehnten fuhren die Einheitslokomotiven. Um ihre Entwicklung, ihren Einsatz und ihr Ende richtig zu verstehen, muß man einen Blick in die deutsche Geschichte werfen. Sie war bestimmt von der noch nicht verkrafteten Niederlage des Deutschen Reiches im Ersten Weltkrieg, von Reparationsforderungen, Inflation und Weltwirtschaftskrise, von der nationalsozialistischen Machtübernahme. Auch die neuerliche Aufrüstung in Deutschland und die Entfesselung des Zweiten Weltkrieges als Versuch, ganz Europa zu unterwerfen, sind wichtige Voraussetzungen für die Entwicklung des Eisenbahnwesens in dieser Zeit.

Die Epoche II beginnt am 1. April 1920. An diesem Tag gingen die Länderbahnen in der Deutschen Reichsbahn auf. Sie hatte allerdings mit schier unlösbaren Problemen zu kämpfen. Einerseits waren Strecken und Fahrzeugpark im Krieg abgewirtschaftet worden. Andererseits mußte das Reich Tausende Loks und Wagen an die Siegermächte abtreten. Allein von der preußischen P 8 kassierten die Gewinner des Krieges 600 Maschinen – ein Viertel des Bestandes.

■ *25.000 Dampfloks aus Hunderten von Gattungen*

Sparen und Rationalisieren war also dringend angesagt. Aber was nach Kriegszerstörungen und Reparationen noch übrig geblieben war, eignete sich in der Regel nicht dazu, in allen Landesteilen freizügig eingesetzt zu werden. Im Norden fehlten Ersatzteile und Werkzeug für Loks aus dem Süden; mit Langstreckenfahrten waren höchstens bayerische und preußische Maschinen vertraut.

Der Bestand an Dampfloks umfaßte zu Beginn der Reichsbahnzeit rund 25.000 Maschinen aus – je nach Definition – 200 bis 300 Gattungen. Es galt also, einheitliche Lokomotivtypen für die verschiedenen Transportaufgaben zu entwickeln, deren Einzelteile möglichst freizügig untereinander austauschbar sein sollten.

Unter finanziellem Druck und dank kräftiger Lobbyarbeit der Industrie entstand schon 1925 die erste Einheitslokomotive, die inzwischen legendäre Pacific-Schnellzuglok der Baureihe 02, eine Verbundmaschine, von der nur wenige Exemplare gebaut wurden. Es folgten ebenfalls 1925 die legendäre 01, ein Heißdampfzwilling, und 1930 die leichtere, ähnlich konstruierte 03. In der zweiten Hälfte der zwanziger Jahre erschienen zudem die ersten Prototypen für den Güter- und den leichteren Personenverkehr auf den Strecken.

■ *100 Jahre Eisenbahn*

Zum 100jährigen Jubiläum der Eisenbahn in Deutschland wurden 1935 die Neuentwicklungen in einer großangelegten Fahrzeugschau in Nürnberg vorgeführt. Wegen des zeitlichen Zusammentreffens mit dem Reichsparteitag diente die Schau auch einer Selbstdarstellung nationalsozialistischen Machtstrebens. In allen Bereichen, so auch bei der Reichsbahn, manifestierte sich Hitlers Rassismus: Bereits 1933 waren die meisten jüdischen Mitarbeiter entlassen worden. Ende 1935 mußten die verbliebenen ausscheiden, 1937 Eisenbahner, deren „Ehegatten nicht deutschen oder artverwandten Blutes“ waren.

Vor allem aus Prestigegründen entstanden ab 1935 die stromlininverkleideten Schnellfahrloks der Baureihe 05 mit der eher ungewöhnlichen Achsfolge 2'C2'. Die 05 002 schaffte am 11. Mai 1935 200,4 km/h. Damit konnte sie aber schon nicht mehr die Überlegenheit der Dampflokomotive beweisen. Bereits 1903 hatten elektrische Drehstromtriebwagen südlich Berlins mit 210,3 km/h diese magische Grenze durchbrochen, und ein gewöhnlicher dieselelektrischer Serientriebwagen vom Typ „Fliegender Hamburger" schaffte am 17. Februar 1936 bei Ludwigslust zwischen Hamburg und Berlin Tempo 205.

Während der Olympischen Spiele 1936 stellte die Eisenbahn Rekorde bei Beförderungsleistung und Zugbereitstellung auf. Nach den Spielen wurde die Eisenbahn mit einem Federstrich wieder zum Staatsvermögen: Der Zusatz „Gesellschaft" wurde aus dem Namen gestrichen. Bis dahin hatte sie einen Überschuß von 5,346 Milliarden Reichsmark erwirtschaftet. Die Reichsbahn-Dienststellen erhielten den Status von Reichsbehörden. Der Reichsbahn-Generaldirektor Julius Dorpmüller wurde Verkehrsminister und war verantwortlich für den Ausbau der Verkehrssysteme.

■ *Krieg bringt Aufschub für das Ende des Dampfes*

Die folgenden Jahre brachten zunächst ein Moratorium für Strom und vor allem für Diesel. Die „Fliegenden Züge" wurden sofort zu Beginn des Zweiten Weltkrieges abgestellt, weil Deutschland über zu geringe Ölreserven verfügte, um auf die Kohle als Energie bei der Bahn verzichten zu können, und die Bahn bei feindlichen Angriffen als um so empfindlicher eingestuft wurde, je komplizierter die eingesetzte Technik war.

So fuhren nur im Kernland elektrische Loks, etwa auf den Paradestrecken in Bayern, wo wegen der großen Ressourcen an Wasserkraft, von den Alpen ausgehend, die Elektrifizierung am weitesten vorangetrieben worden war. Die E 19, eine bis zu 8000 PS starke Weiterentwicklung der E 18, die für den FD-Zug-Dienst zwischen München und Berlin vorgesehen war, sollte planmäßig 180 km/h fahren. Dazu kam es wegen Ausbruch des Krieges aber nicht mehr.

■ *Lokomotivproduktion drastisch gesteigert*

Damit die deutschen Truppen ihren Krieg an den zunächst immer weiter in die Ferne rückenden Fronten mit dem nötigen Nachschub überhaupt führen konnten, mußte die Lokomotivproduktion drastisch gesteigert werden. Es kam darauf an, Zugmaschinen zu entwickeln, die zielstrebig auf Einfachheit und Robustheit getrimmt waren. Und dies bei gleichzeitig optimaler Nutzung auch unzureichend aufbereiteter Energie .

Das Einheitslokomotivprogramm wurde teilweise ausgesetzt, statt des ganzen Spektrums an Schnell- und Güterzuglokomotiven blieben nur noch die Baureihen 44, 50 und 86 im Programm. Sie alle wurden stark vereinfacht – „entfeinert", hieß das –, damit trotz zunehmender Materialknappheit weiter hohe Stückzahlen gebaut werden konnten. Die Eroberungen im Osten machten Lokomotiven nötig, die auch mit härtesten Witterungsbedingungen fertig werden konnten und gleichzeitig geringste Ansprüche an die Infrastruktur stellten. Dafür wurden die Kriegsloks der Baureihen 52 und 42 entwickelt.

Die erste Lok der Baureihe 52, die von der Baureihe 50 abgeleitet wurde, absolvierte im September 1942 eine 4500 Kilometer lange Rundfahrt zu sämtlichen Lokomotivfabriken, in denen sie gebauen werden sollte. Bis zum Zusammenbruch wurden schließlich über 6500 Maschinen dieses Fünfkupplers mit Laufachse gebaut. Als Lebensdauer der Loks war die Kriegszeit vorgesehen. Auch dies ein historischer Irrtum der damaligen Machthaber. Manche Loks fuhren noch in den neunziger Jahren in Osteuropa.

1943 folgte als zweite reine Kriegslok die Baureihe 42 mit höherer Achslast. Von ihr wurden statt der ursprünglich vorgesehenen 8000 Einheiten nur etwas mehr als 1000 gebaut, die teilweise sehr früh ausgemustert werden mußten, weil einige kriegsbedingte Kompromisse ihre Lebensdauer beeinträchtigten.

Neben den beiden Typen wurden Pläne für eine dritte schwere Güterzuglok mit Mallet-Fahrwerk entwickelt, aber nicht mehr in die Tat umgesetzt. Märklin baute sie im Modell. Die „Lokomotive, die nie gebaut wurde", feierte zumindest im Maßstab 1 : 87 in mehreren Varianten Erfolge.

Das Ende der Epoche II ist das Ende der Reichsbahnzeit – der Zusammenbruch des Dritten Reiches. Deutschland und die meisten Nachbarländer lagen in Trümmern, und es waren zunächst die Kriegsloks, die den Wiederaufbau möglich machten – nicht nur in Deutschland, sondern auch in den Nachbarländern, wo viele von ihnen nicht nur gebaut wurden, sondern nach der Befreiung auch stehengeblieben sind.

So halfen die Maschinen, die eigentlich zur Unterdrückung der Nachbarvölker einen wesentlichen Beitrag leisten sollten, letztlich dabei, aus den Ruinen ein Europa des Wohlstands aufzubauen. Aus den zerstörten Bahnbetriebswerken und den zerfallenen Bahnhofshallen fuhren oftmals einstige Kriegsloks mit überfüllten Personenzügen. Schwarzhandel, Heimkehrer und Flüchtlingsströme bestimmten die Mobilität der ersten Monate des Wiederaufbaus. ◀

001 008-2
76
8

BAUREIHE 01 – DIE EINHEITSLOK SCHLECHTHIN

Die schwere Schnellzuglok der Baureihe 01 ist der Inbegriff der deutschen Einheitslokomotive. Geschwindigkeitsrekorde wurden mit ihr nicht gefahren. Hinsichtlich der Größe der Treibräder oder der Länge ihres Kessels ragt sie auch nicht unter ihren Artgenossinnen hervor. Dennoch gilt sie bis heute als die Einheitslokomotive schlechthin. Nachdem die 01 ihre Kinderkrankheiten auskuriert hatte, lief sie genauso zuverlässig vor repräsentativen Expreßzügen wie vor gewöhnlichen Personenzügen oder Übergabezügen irgendwo in der Provinz.

Mit der 01 beginnt in der Eisenbahngeschichte eine Epoche, in der sich die junge Deutsche Reichsbahn-Gesellschaft bemühte, trotz der ihr auferlegten Reparationsleistungen aus den roten Zahlen zu kommen. Die nach modernsten Gesichtspunkten konstruierten Einheitslokomotiven sollten die wegen ihrer Vielfalt überaus schwierig zu unterhaltenden Länderbahndampfer ablösen. Zum Auftakt projektierte der Vereinheitlichungsausschuß der Reichsbahn eine Schnellzuglok. Nach den Erfahrungen mit den unterschiedlichsten Länderbahnmaschinen entschieden sich die Ingenieure für eine Lok des Pacific-Typs.

Zwei oder vier Zylinder?

Noch nicht beantwortet war die Frage, ob die Schnellzug-Pacific eine Zwei- oder eine Vierzylindermaschine werden sollte. Darüber scheint es auch geopolitisch bedingte Auseinandersetzungen gegeben zu haben: Während die süddeutschen Verwaltungen in Bayern, Baden und Württemberg Vierzylinder-Verbundmaschinen, wie etwa die bayerische S 3/6, vor schweren Schnellzügen bevorzugten, plädierte Preußen für Zweizylinderloks mit einfacher Dampfdehnung nach dem Muster der P 8. Vor dem Hintergrund dieses Streits beschloß der Ausschuß, zunächst zehn Zweizylinderloks als Baureihe 01 und zehn Vierzylinder-Verbundmaschinen als Baureihe 02 in Auftrag zu geben. Bei den Lokomotiven mit vier Zylindern wirkten die beiden innenliegenden Hochdruckzylinder auf die erste der drei Kuppelachsen, während die beiden äußeren Niederdruckzylinder die mittlere Achse antrieben. Im Oktober 1925 lieferte Henschel die erste 02; die erste 01 folgte wenige Tage später von Borsig. Versuchsfahrten der Versuchsanstalt Grunewald gaben schließlich den Ausschlag dafür, die von den preußischen Lokfabriken favorisierte Zweizylinderversion in Serie zu bauen.

Kinderkrankheiten

Bei verschiedenen deutschen Lokomotivfabriken entstanden bis 1938 insgesamt 231 Maschinen der Baureihe 01. Die zehn Vierzylinderloks baute das RAW Meiningen zwischen 1937 und 1942 zu Zweizylindermaschinen der Baureihe 01 um. Später gaben einige Techniker zu, daß die 02 nicht wegen ihres Verbundtriebwerks, sondern wegen konstruktiver Mängel scheiterte, auf die Maffei zwar hinwies, die aber in Berlin ignoriert worden sind. Auch die 01 hatte ihre Kinderkrankheiten: Um die Laufeigenschaften bei höherem Tempo zu verbessern, wurde bald der Durchmesser der vorderen Räder von 850 auf 1000 Millimeter vergrößert und der Zylinderdurchmesser von 650 auf 600 Millimeter verringert.

Linke Seite: *Das Bw Hof war die letzte Hochburg der stolzen Schnellzuglokomotiven der Baureihe 01. Am 20. März 1971 hatte die 001 008 den D 853 zu schleppen. Auf dem Weg von Neuenmarkt-Wirsberg nach Hof, über die „Schiefe Ebene“ wurde sie von einer V 100 als Schiebelok unterstützt.*

Unten: *Bei der 02 001 erkennt man unterhalb der Rauchkammertür die Schutzrohre der beiden innen liegenden Zylinder.*

Oben: *Die 02 006 war mit einem genieteten Tender gekuppelt. Als Zuglok des D 117 nach Berlin wurde sie in Hof abgelichtet.*

Nach dem Zweiten Weltkrieg verblieben 165 Lokomotiven der Baureihe 01 in den westlichen Besatzungszonen und 70 in der sowjetisch besetzten Zone. Einige davon mußten wegen schwerer Schäden ausgemustert werden. Ab den fünfziger Jahren bauten beide deutschen Bahnen die Lokomotiven mehrfach um und paßten sie den neuen Einsatzbedingungen und dem technischen Fortschritt an.

Im Westen ersetzte die Bundesbahn die großen Wagner- durch die kleinen Witte-Windleitbleche, außerdem verschwand bei zahlreichen Maschinen die Frontschräge zwischen Pufferbohle und Umlauf. Manche Loks erhielten statt des zylindrischen Oberflächenvorwärmers einen voluminösen Mischvorwärmer oberhalb der Rauchkammer, der den Loks eine eher plumpe Stirnansicht verlieh. In den fünfziger Jahren ersetzte bei 50 Loks ein Neubaukessel den verschlissenen Dampferzeuger, der ihnen mit dem viel flacheren und breiteren Schornstein ein völlig neues Gesicht gab.

Auch bei der Deutschen Reichsbahn erfuhren die Schnellzugloks grundlegende Umbau-

Rechts: *Der E 658 „Frankenland" war häufig mit zwei Hofer 01 bespannt. Zum Jahreswechsel 1972 überbrachte die Zuglok die entsprechenden Grüße, die der Fotograf mit freundlicher Unterstützung der Lokmänner auf die Rauchkammer schrieb.*

ten. Bei ihrer Rekonstruktion bekamen sie neben neuen Kesseln eine vom Schornstein bis zum Führerhaus durchgehende Verkleidung der Dome sowie neue, abgeschrägte Windleitbleche. Einige Lokomotiven rollten wegen sich häufender Speichenbrüche an den Rädern herkömmlicher Bauart vorübergehend auf Boxpok-Rädern. Diese Doppelscheiben-Hohlkonstruktion war vor allem in Amerika und in der Sowjetunion üblich. Die Boxpok-Räder sahen aber nicht nur gewöhnungsbedürftig aus, sie verschlechterten auch die Laufeigenschaften der Lokomotiven deutlich. Bei der DB endete der Einsatz der Baureihe 01 Mitte der siebziger Jahre, bei der DR rollten die letzten 01 erst Anfang der achtziger Jahre aufs Abstellgleis.

Die Märklin-Modelle

Die Märklin-01 der Baugröße 00/H0 ist so alt wie das Programm für die Spurweite mit 16,5 Millimetern des Göppinger Traditionsherstellers. Bereits im Premierenjahr der Spurweite 00 gab es bei Märklin eine kleine Schlepptenderlok, die entfernt einer 01 ähnelte. Das Maschinchen hatte zwar nur zwei Achsen, die Silhouette der Lok erinnerte aber durchaus an die damalige Stardampflok. Gemäß dem Stil der Zeit fertigte Märklin das Gehäuse der R 700 aus lithographiertem Weißblech, das Fahrwerk entstand aus solidem Zinkdruckguß. Der drehmomentstarke Scheibenkollektormotor mit außenliegenden Bürstenlagern trieb über ein Stirnradgetriebe die beiden Radsätze der Lok an. Auf einen Fernumschalter mußten die Loks, die mit Gleichstrom betrieben wurden, allerdings verzichten; die Fahrtrichtung ließ sich mit einem kleinen Handschalter an der Lok ändern. Für den Exportmarkt fertigte Märklin die R 700 LMS im roten Lack der britischen Gesellschaft London Middle South LMS sowie die R 700 LNE in grüner Farbgebung der London North East LNER. US-Kunden bekamen die Mini-01 in einer Version mit Kuhfänger nach nordamerikanischem Vorbild und ohne die in Europa üblichen Hülsenpuffer.

Bereits 1938 löste die R 800 mit Fernumschaltung und Wechselstrommotor die R 700 ab. Als wesentlichen Unterschied zur Vorgängerin fertigte Märklin das Gehäuse der kleinen 01 jetzt aus Zinkdruckguß mit zusätzlich gravierten Details. Das Bürstenlager rückte in den Bereich des Stehkessels. Den kleinen zweiachsigen Blechtender übernahm Märklin von der R 700. Die R 800 hielt sich bis 1942 im Programm, als Märklin kriegsbedingt die Produktion einstellte. Als späte Reminiszenz an die frühe Tinplate-Ära legte Märklin seine Ur-01 zum 50jährigen Jubiläum der Baugröße H0 im Jahr 1985 nochmals auf. In zeitgemäßer Aufmachung rollte eine Replik der R 700 aus Blech mit modernem Motor und elektronischem Fahrtrichtungsschalter in den Handel.

Das Modell von 1937

Schon 1937 zeigte Märklin, was in der Spurweite 00 tatsächlich möglich ist, und stellte der kleinen blechernen R 700 ein weitgehend maßstäbliches Modell der Reichsbahn-01 aus

***Oben:** Mit der 001 202 verläßt der P 2817 Neuenmarkt-Wirsberg, wo heute ein sehenswertes Dampflok-Museum zuhause ist.*

***Unten:** „Frohe Weihnachten" wünscht diese 01. Es war durchaus üblich, daß die Personale ihre Lokomotiven mit jahreszeitlichen Grußbotschaften beschrifteten.*

***Oben:** In den ersten Nachkriegsjahren verloren die 01er ihre großen Windleitbleche. Die am 17. Juni 1949 in Frankfurt/Main aufgenommene 01 097 entsprach weitgehend dem Märklin-Modell.*

Zinkdruckguß mit der Bezeichnung HR 700 zur Seite. Der Hersteller vermerkte in der Gebrauchsanweisung in aller Bescheidenheit: „... sind infolge des günstigen Verkleinerungsmaßstabes bei der Spur 00 die Stücke so zierlich und handlich ausgefallen, daß sie durch ihren Anblick allein schon jeden, auch den erfahrensten Eisenbahnbastler, erfreuen." Ein Scheibenkollektor-Motor mit offenem Bürstenlager trieb die Gleichstromlok an, die noch auf eine Fernumschaltung verzichten mußte. Die beiden elektrisch beleuchteten Stirnlampen waren ein Novum bei Märklin-Loks.

Für den britischen Markt lieferte Märklin die 01 sowohl im roten Farbkleid der LMS (HR 700 LMS) sowie im grünen Design der LNER (HR 700 LNE). Als Exportmodell für die USA produzierte Märklin eine Version der HR 700 mit Kuhfänger sowie kurzen Stoßpuffern. Sämtliche Versionen der HR 700, die sich lediglich zwei Jahre im Märklin-Programm hielten, zählen heute zu den teuersten Märklin-Modellen in der Baugröße 00/H0.

1938 löste die HR 800 mit dem typischen Märklin-Wechselstromantrieb und Fernumschaltung die HR 700 ab. Das Bürstenlager des neuen Motors rückte im Vergleich zur HR 700 von der Kesselmitte in den Bereich des Stehkessels. Den Blechtender nach dem Vorbild des T 32 übernahm Märklin ebenfalls von der HR 700. Märklin lieferte die HR 800 mit kriegsbedingter Unterbrechung weitgehend unverändert bis 1946. Als einmalige Sonderserien für den Exportmarkt entstanden, wie schon bei der HR 700, 1938 zwei britische Versionen der Lok im grünen Lack der LNER und im Weinrot der LMS.

Erster Nachkriegsstar

Nach dem Zweiten Weltkrieg startete Märklin mit der komplett neukonstruierten HR 800 N, die mit einem feiner detaillierten

Technische Daten Baureihe 01

Bauart	2'C1'h2
Beschaffungszeit	1925 – 1938
Gesamtserie	231 Exemplare
Länge über Puffer	23.940 mm
Treibraddurchmesser	2000 mm
Dienstmasse	108,9 t
Achslast	19,73 t
Höchstgeschwindigkeit	120/130 km/h
Leistung	2240 PS
Ausmusterung	DB 1973; DR 1982

Fahrwerk überzeugte. Eine besondere Augenweide war der neue Gußtender mit seinen zierlichen Nietreihen. Im Katalog von 1947 pries Märklin die Lok als „Baureihe 01 oder 03 der Deutschen Reichsbahn" an und vergaß nicht, darauf hinzuweisen, daß das „Super-Modell" 800 Gramm wiegt. Für den Vortrieb der Maschine sorgte der neue, flachere Scheibenkollektor-Motor, der heute noch zahlreiche Märklin-Loks antreibt. Sein Bürstenlager verschwand anfangs unter einer kleinen Blechklappe, später unter einer Ausbuchtung des Stehkessels. Der gelifteten 01 war nur ein kurzes Leben im Märklin-Programm beschieden.

Nach dem Erfolg des Super-Modells der Baureihe 44 von 1950 reifte bei Märklin der Entschluß zu einem nach gleichen Maßstäben gefertigten Supermodell der Baureihe 01. 1952 hatte die Super-01 (F 800, später 3008) ihre Premiere. Die absolut maßstäblichen Proportionen, die alle wesentlichen Details der gerade in dieser Zeit umgebauten Bundesbahnloks wiedergaben, machten die neue Lok mit der Betriebsnummer 01 097 schnell zum unangefochtenen Star im Märklin-Programm. An die eher hausbackene HR 800 N erinnerte lediglich der überaus fein detaillierte Gußtender mit seiner Echtkohlefüllung. 1954 produzierte Märklin den filigranen Nietentender aus Kunststoff. Dann ersetzte der ebenfalls aus Plastik gefertigte Tender der Bauart T 34 die Nachbildung des T 32. Neben der 44 erhielt ab 1958 auch die 01 die fernsteuerbare Telex-Kupplung (3026). Ansonsten blieb das Modell unverändert.

1960 erfuhr die 01 eine gründliche Modellpflege: Ein Dreilichtspitzensignal mit Lichtleiter ersetzte die beiden beleuchteten Glühlampen. Die beliebte Telex-Kupplung fiel zwar dem Rotstift zum Opfer, dafür rauchte die Märklin-01 erstmals wie das große Vorbild (3048). Mit kleinen kosmetischen Retuschen – 1964 ersetzten Lampenstangen die markanten Lampenbügel und 1965 erhielt die Lok eine vorbildgerechte DB-Beschriftung – blieb das Modell bis 1972 im Sortiment. 1984 erinnerte man sich in Göppingen der Werkzeuge für die beliebte 01. Die schwere Schnellzug-Pacific feierte im Primex-Programm mit der neuen Betriebsnummer 01 081 und den schon seit Anfang der siebziger Jahre üblichen feineren Speichenrädern für das vordere Drehgestell ihre Renaissance (3193). 1992 verschwand die berühmte Märklin-01 endgültig aus den Schaufenstern.

Oben: *Auch wenn das Märklin-Modell der 01 nicht mehr ganz den heutigen technischen Möglichkeiten entspricht, es ist ein unangefochtener Klassiker der Göppinger Modellbauer. Im Bild die 01 081 von 1984 aus dem Primex-Programm.*

BAUREIHE 01.10 – DIE ETWAS BESSERE 01

Obwohl die Baureihe 01 als Mutter der Einheitsloks schon Berühmtheit erlangt hatte, dachten die Planer der Reichsbahn zehn Jahre nach ihrer ersten Lieferung über eine noch stärkere Maschine nach. 1934/35 hatte sich nämlich gezeigt, daß die vorhandenen Pacific-Lokomotiven für ein Schnellfahrnetz, auf dem die Reisezüge mit 140 bis 150 km/h verkehren sollten, nur bedingt geeignet waren.

Aus diesen Erwägungen entstanden zwischen 1939 und 1940 zunächst 55 von ursprünglich 250 geplanten Exemplaren der Baureihe 01.10 mit Dreizylindertriebwerk, das bessere Anfahrleistungen und gerade bei hohen Geschwindigkeiten einen ruhigeren Lauf versprach. Die Maschinen, bei denen Achsstand und Kessel weitgehend der Zweizylinder-01 entsprachen, waren vollständig stromlinienverkleidet. Das brachte, wie Versuchsfahrten mit verkleideten Loks der Baureihen 03 und 05 inzwischen gezeigt hatten, einen Leistungszuwachs von über 300 PS am Zughaken. Nach den ersten Winterfahrten offenbarte sich allerdings ein schwerwiegender Nachteil der vollständigen Verkleidung, die das ganze Triebwerk umfaßte und erst 40 Zentimeter über der Schienenoberkante endete: Die Jalousien im Triebwerksbereich, die Wartungsarbeiten erleichtern sollten, klemmten oft und froren bei Frost gar ein. Bei fälligen Werkstattaufenthalten sparte man deshalb die Verkleidung bis 225 Millimeter oberhalb der Kuppelachsmitte aus.

Ohne Verkleidung

Nachdem die Lokomotiven zunächst für Tempo 150 zugelassen waren, beschränkte das Reichsverkehrsministerium ihre Höchstgeschwindigkeit ab 1941 auf 140 km/h. Später, als der Verlauf des Krieges Schnellfahrten ohnehin unmöglich gemacht hatte, wurden immer mehr Verkleidungsteile entfernt; zahlreiche Maschinen liefen im Bereich des Fahrwerks gänzlich ohne Verkleidung.

Bei Kriegsende standen alle Maschinen auf dem Gebiet der späteren Bundesrepublik. Bis 1951 dampften nach grundlegenden Reparaturen, bei denen die Maschinen endgültig ihre Stromschale einbüßten, 54 der einst 55 Maschi-

Linke Seite: *Am frühen Morgen des 6. Februar 1975 war die 012 081 mit einem Schnellzug auf der Strecke Rheine – Emden nach Norddeich im Einsatz.*

Unten: *So sahen die 01.10 mit Stromschale aus.*

***Rechts:** Gelegentlich durfte eine 012 sogar im leichten Güterzugdienst aushelfen. Im April 1974 schleppte die Rheiner 012 063 leere Autotransportwagen zwischen Kluse und Lathen durch das Emsland.*

nen wieder zuverlässig durch die Lande. Bald zeigte sich aber, daß der Kesselstahl St 47 K nicht alterungsbeständig war. Von 1953 bis 1957 erhielten deswegen alle 01.10 einen Neubaukessel. Seit dieser Zeit setzte die DB die Maschinen vorwiegend für Langstreckendienste zwischen Hamburg und Köln oder Frankfurt ein. Zwischen 1956 und 1958 erhielten 34 Maschinen eine Ölhauptfeuerung, um die Nennleistung des Kessels auch bei Langläufen ausnutzen zu können. Im neuen, EDV-gerechten Nummernplan von 1968 bekamen die Maschinen mit Kohlefeuerung die Bezeichnung 011, die Loks mit Ölbrenner liefen fortan als Baureihe 012. Das Aus der Lokomotiven, die bis zum Schluß im hochwertigen Schnellzugdienst eingesetzt wurden, kam erst Mitte der siebziger Jahre, als sich die Dampflokzeit

***Rechts:** Mit einem Schnellzug beschleunigt die 012 063 in der Ausfahrt aus dem Bahnhof Lingen/Ems.*

ihrem Ende näherte. Am 31. Mai 1975 quittierten die letzten 012er beim Bw Rheine ihren Dienst. Bis dahin hatten die 01.10 ein wesentliches Stück deutscher Eisenbahngeschichte mitbestimmt. Einige von ihnen sind als Museumsloks noch heute Publikumsmagnete.

Eines dieser Exemplare, die 01 1066 der Ulmer Eisenbahnfreunde, machte noch im hohen Alter Schlagzeilen. Im Dezember 1996 fuhr sie in die Drehscheibengrube des Bw Kornwestheim bei Stuttgart. Unter erheblicher finanzieller Beteiligung der Firma Märklin wurde sie im Ausbesserungswerk Meiningen wieder instandgesetzt und dampft seit Februar 1998 wieder vor Nostalgiezügen durch die Republik.

Die Märklin-Modelle

Das Ende der klassischen Märklin-01 hinterließ 1972 eine schmerzliche Lücke im Sortiment, fehlte doch eine schnelle Dampflok für den schweren Schnellzugdienst. Einen vollwertigen Ersatz für die alte 01 bot ab 1984 das Modell der ölgefeuerten 01.10, das Märklin in der Version der jüngsten DB-Variante mit der Baureihenbezeichnung 012 ins Programm nahm. Während Märklin den Lokomotivaufbau und den fünfachsigen Öltender komplett neu entwickelte, war das Fahrwerk ein alter Bekannter. Die Göppinger Konstrukteure übernahmen im Prinzip unverändert das Chassis der 03 von 1973. Lediglich die Stirnlampen wichen einer etwas zierlicheren Form ohne Lampenbügel. Märklin stellte zunächst das Modell der 012 081-6 mit elektronischem Fahrtrichtungsschalter vor (3310). Mit der Digital-Premiere gesellte sich 1985 die 012 066-7 mit dem Decoder c80 zu ihrer analogen Schwester (3610). Für das Zwei-

***Oben:** Mit klassischer Garnitur aus Hilfspackwagen und Silberlingen rollt die 012 063 auf der Emslandstrecke durch die Landschaft.*

***Unten:** Die 012 061 mit dem D 913 in Lingen.*

***Oben:** Am 28. August 1972 wartete die kohlegefeuerte 011 072 im Bahnbetriebswerk Rheine auf neue Aufgaben.*

schienen-Gleichstromsystem gab es die Lokomotive lediglich 1984.

Nach der Kritik einiger Fachzeitschriften am nicht exakt zur 01.10 passenden Fahrwerk der 03 entwarf Märklin für die Lok ein neues, verfeinertes Fahrwerk. Übertrugen bislang zwischengeschaltete Zahnräder das Drehmoment zwischen den Kuppelachsen, genügten jetzt die Kuppelstangen, um alle drei Kuppelachsen anzutreiben. Das neue Chassis mit korrekt zueinander versetzten Gegengewichten an den Treibrädern überzeugte darüber hinaus mit schwarz vernickelten Radsätzen und Nachbildungen der Sandfallrohre. Ihre Feuertaufe bestand die Neukonstruktion allerdings nicht als 012, sondern als kohlegefeuerte 011 056-9 von 1991, für die man in Göppingen eigens einen neuen Tenderaufbau entwarf. Das Modell blieb mit elektronischem Fahrtrichtungsschalter bis 1995 im Handel (3390). Eine Digitalversion mit dem Decoder c80 produzierte Märklin bis 1992 (3690), die von der bis 1995 erhältlichen Variante mit Hochleistungsantrieb und c90-Decoder abgelöst wurde (3790). Als Sonderserie für das Zweischienen-Gleichstromsystem bot die MHI 1992 ein Modell der 011 an. Ab 1993 ersetzte Märklin bei der ölgefeuerten 012 das 03-Fahrgestell durch die Neuentwicklung für die 011. Die Lok mit der Betriebsnummer 012 063-4 war wahlweise mit elektronischem Fahrtrichtungsschalter (3310) oder mit digitalem Hochleistungsantrieb erhältlich (3710). Die MHI lieferte 1993 eine Hamo-Version der überarbeiteten 012.

Sonderserie 01 1066

Nachdem die 01 1066 der Ulmer Eisenbahnfreunde beim erwähnten Sturz in die Drehscheibengrube beschädigt wurde, unterstützte Märklin die Reparatur der Maschine mit einem fünfstelligen Betrag und legte dafür eine perfekt nachgebildete Sonderserie der 01 1066 mit digitalem Hochleistungsantrieb auf.

Technische Daten Baureihe 01.10

Bauart	2'C1'h3
Beschaffungszeit	1939 – 1940 (Umbau 1953)
Gesamtserie	55 Exemplare
Länge über Puffer	24.130 mm
Treibraddurchmesser	2000 mm
Dienstmasse	Kohle 110,8 t; Öl 111,6 t
Achslast	Kohle 20,2 t; Öl 20,3 t
Höchstgeschwindigkeit	140 km/h
Leistung	Kohle 2350 PS; Öl 2470 PS
Ausmusterung	1975

Passend zum Salonwagen-Set „50 Jahre Parlamentarischer Rat der Bundesrepublik Deutschland" legte Märklin für die MHI 1998 ein Modell der kohlegefeuerten 01 1087 mit silbernen Kesselringen auf. Die Maschine war wahlweise mit Delta-Modul (33102) oder digitalem Hochleistungsantrieb lieferbar (37102). Beim mit dem Decoder c91 ausgerüsteten Modell ließen sich Spitzensignal, Rauchsatz, Pfeife und das Läutewerk digital zuschalten.

Oben: *Überarbeitete Neuauflage der 012.*

Mitte: *Sondermodell der 01 1066 in exakter Nachbildung.*

Unten: *Modell der Baureihe 011.*

Rechts: *Im Bw Crailshaim hat die 003 131 ihre Kohlevorräte ergänzt und steht nun der Lokleitung für weitere Aufgaben zur Verfügung (Februar 1970).*

BAUREIHE 03 – DER SALONDAMPFER

Die Idee, durch neue, nach einheitlichen Grundsätzen konstruierte Lokomotiven die finanzielle Misere der jungen Deutschen Reichsbahn zu lindern, klang gut. Als reine Lehre war sie aber nicht durchsetzbar. Für die Beförderung von Schnellzügen sah man beispielsweise nur die Baureihe 01 vor, die aber mit 20 Tonnen Achsfahrmasse für viele Strekken, besonders in Norddeutschland, zu schwer war. Um den Oberbau für 20 Tonnen Achslast zu ertüchtigen, fehlte wiederum Geld. Aus diesem Grund wurde zusätzlich zur 01 eine etwas leichtere, sonst aber ähnliche Schnellzuglok entworfen, die nur 18 Tonnen Achsfahrmasse auf die Schienen brachte: die Baureihe 03. Ihr Einsatz blieb nicht nur auf Norddeutschland beschränkt. Ab 1930 schleppte sie mehr als vier Jahrzehnte zuverlässig Reisezüge durch ganz Deutschland. Bundesbahn-Maschinen erreichten vom Bw Ulm aus die Bodenseestadt Lindau, Reichsbahn-03er waren in der Gegend südlich von Leipzig zuhause.

Unten: *Im Sommer 1971 führten die Ulmer 003 planmäßig Personenzüge nach Crailshaim, hier die 003 281.*

Zwar fuhr die 03 nie aus dem Schatten der 01 heraus, aber mit ihrer Laufruhe, die ihr letztlich das Prädikat Salondampfer einbrachte, strafte sie jene Ingenieure Lügen, die immer wieder behaupteten, daß Vierzylinder-Ver-

bundmaschinen, wie die bayerische S 3/6 und die württembergische C, Zweizylinderloks, wie den Baureihen 01 und 03 im hochwertigen Schnellzugdienst überlegen seien.

Die Wahrheit lag möglicherweise auch hier in der Mitte: In den dreißiger Jahren wollte die Reichsbahn auch ein hochwertiges Schnellfahrnetz mit Geschwindigkeiten bis 150 km/h schaffen. Aus der 03 entstand deshalb eine weitgehend baugleiche, allerdings dreizylindrige und damit schnellere Variante: die 03.10 mit ihrer markanten Stromlinienverkleidung.

Zu Zeiten der Deutschen Reichsbahn-Gesellschaft waren die Maschinen der Baureihe 03 mit großen Wagner-Windleitblechen ausgerüstet und oftmals mit den kleineren Tendern der Bauarten T 30 und T 32 gekuppelt. Nach 1945 boten die Loks bei beiden deutschen Bahnen ein ganz anderes Bild. Mit den kleinen Windleitblechen der Bauart Witte und dem Standardtender T 34 wirkte die 03 wesentlich eleganter als in der Ursprungsausführung. Der Einsatz der 03 endete bei der Bundesbahn im Jahr 1972 beim Bw Ulm. Bei der Reichsbahn blieben die Loks eine Dekade länger im Einsatz, die letzten wurden 1982 ausgemustert.

Oben: *Ein Personenzug, der auf jeder Modellbahnanlage bestens zur Geltung kommen könnte: Die 003 131 führt ihre leichte Fuhre auf der Strecke Ulm – Friedrichshafen.*

Links: *Auch die beliebten Umbauwagen passen gut zur 003. Im winterlichen Crailsheim macht sich die 003 088 im Februar 1971 auf den Weg nach Ulm.*

Rechts: *Das Bw Ulm wurde zur letzten Dienststelle der Baureihe 003. Von hier aus kamen die Loks häufig auf die Strecke nach Friedrichshafen. So auch am 5. November 1971, als die 003 088 den P 3325, gebildet aus einer herrlichen Garnitur alter Reichsbahnwagen, zu schleppen hatte.*

Einzig die 03 001 blieb, weitgehend in den Originalzustand versetzt, betriebsfähig beim Verkehrsmuseum Dresden erhalten.

Die Märklin-Modelle

Die Geschichte der Märklin-03 begann 1947. Das aus der Vorkriegs-Pacific HR 800 entwickelte Modell mit der Bestellnummer HR 800 N wurde allgemein zwar als Nachbildung der 01 gewertet, aber der Katalog von 1947/49 wies die Lok ausdrücklich als „Baureihe 01 oder 03 der Deutschen Reichsbahn" aus. Möglich war das, weil der leicht überdimensionierte Kessel sowohl dem der 01 als auch dem der 03 ähnelte, und vorbildgetreue Lokschilder ohnehin fehlten.

Eine zweifellos echte 03 war 1973 die detailgenaue Nachbildung der 03 in Bundesbahnausführung als 003 160, die als Nachfolgerin das Erbe der betagten 01 antrat und neue Maßstäbe setzte. Erstmals wählte Märklin bei dem Modell die noch heute übliche Mischbauweise aus Metall und Kunststoff für das Lokgehäuse. Während Lang- und Stehkessel aus Zinkdruckguß gefertigt waren, bestanden Führerhaus und Umlauf sowie die zahlreichen am Kessel angesetzten Armaturen aus Kunststoff.

Unten: *Mit Volldampf verläßt die 003 179 den Ulmer Bahnhof (November 1970).*

Technische Daten Baureihe 03

Bauart	2'C1'h2
Beschaffungszeit	1930 – 1938
Gesamtserie	298 Exemplare
Länge über Puffer	23.910 mm
Treibraddurchmesser	2000 mm
Dienstmasse	100,3 t
Achslast	18,1 t
Höchstgeschwindigkeit	130 km/h
Leistung	1980 PS
Ausmusterung	DB 1973; DR 1982

Darüber hinaus bestach die Maschine mit einem überaus fein gearbeiteten Fahrwerk, an dem sogar die einseitig wirkenden Bremsen nachgebildet waren. Die zierliche Silhouette der Lok, speziell im Bereich von Führerhaus und Stehkessel, wurde erst mit dem neuentwickelten Trommelkollektormotor möglich, der deutlich schmaler gebaut war als der bisher übliche Scheibenkollektormotor. Ein Stirnradgetriebe mit fast völlig verdeckten Zahnrädern übertrug das Drehmoment auf alle drei Kuppelachsen. Um einen freien Blick unter dem Kessel hindurch zu gewährleisten, wanderte der Fahrtrichtungsschalter in den Tender. Die Lok hielt sich fast völlig unverändert bis 1992 im Märklin-Sortiment (3085). Für das Zweischienen-Gleichstromsystem bot Märklin das Modell von 1974 bis 1981 an (8385).

1987 gesellte sich eine Variante der 03 zu der beliebten DB-Maschine. Anläßlich des Jubiläums „750 Jahre Berlin" legte Märklin eine Lokomotivpackung auf, die drei Maschinen aus Berliner Produktion der dreißiger Jahre im Fotografieranstrich enthielt, darunter auch die 03 124. Das Besondere der Maschine mit grossen Windleitblechen war weniger der elegante graue Lack, als vielmehr das neukonstruierte Tendergehäuse, das exakt dem genieteten T 32 entsprach. Die Lok gab es in konventioneller Ausführung (in Zugpackung 3100) und mit dem Digitaldecoder c80 (in Zugpackung 3600).

Nachdem 1993 das für die 011 neu konstruierte Chassis das bislang für die 012 verwendete 03-Fahrwerk ersetzte, lag der Schluß nahe, das neue Fahrgestell im umgekehrten Fall auch für die 03 zu adaptieren. Märklin präsentierte für das Modelljahr 1993 deshalb gleich vier Varianten der 03 mit neuer zierlicher Steuerung und feineren, schwarz vernickelten Radsätzen. Die Märklin-Freunde konnten die Bundesbahn-03 mit der neuen Betriebsnummer 003 131-0 wahlweise mit konventioneller Technik (3085), mit Delta-Modul (3395) oder mit digitalem Hochleistungsantrieb und c90-Decoder (3795) ordern. Als besonderes Schmankerl lieferte Märklin die Delta-Version serienmäßig mit dem Handsteuergerät Delta-Pilot. Die beiden digitaltauglichen Maschinen gab es bis 1995.

***Oben:** Das 1997 erschienene Modell der 03 156 erhielt einen perfekt nachgebildeten Tender T 32.*

***Unten:** Sie setzte 1973 neue Maßstäbe: fein detaillierte Nachbildung der 003 160.*

Für die Freunde der ostdeutschen Reichsbahn legte Märklin ebenfalls 1993 ein Modell mit der Betriebsnummer 03 2202-4 auf. Speziell nur für diese Lok gefertigte Windleitbleche und der für die Reichsbahnloks typische Zentralverschluß der Rauchkammer verliehen der bis 1996 erhältlichen Lok ein authentisches Finish (3397).

Nach dem Jubiläumsset „750 Jahre Berlin" präsentierte Märklin 1997 erneut ein Modell der 03 im Design der Deutschen-Reichsbahn-Gesellschaft, das mit dem formschönen Tender T 32 in Nietbauweise gekuppelt war. Das Modell gab es wahlweise mit dem Delta-Modul oder dem digitalen Hochleistungsantrieb.

Oben: *Die fabrikneue 03 1073.* **Mitte:** *Einige 03.10er erhielten einen Neubaukessel, wie die 1958 aufgenommene 03 1055.* **Unten:** *In den 40er Jahren kamen die 03.10er bis nach Wien. Die Aufnahme aus dem Jahre 1942 zeigt die 03 1090 in Attnang-Puchheim.*

BAUREIHE 03.10 – DIE WAHRHEIT LIEGT IN DER MITTE

Seit den frühen dreißiger Jahren waren E-Loks unaufhaltsam auf dem Vormarsch. Mit den Diesel-Schnelltriebwagen drohte den Dampfrössern weitere Konkurrenz. Nach erfolgreichen Testfahrten verfolgte die Reichsbahn das ehrgeizige Ziel, das Geschwindigkeitsniveau vor allem auf Hauptstrecken auf 140 bis 150 km/h anzuheben. Was tatsächlich in Dampflokomotiven steckte, zeigte die stromlinienverkleidete 05 002 anläßlich ihrer Weltrekordfahrt am 11. Mai 1936 mit gut Tempo 200. Was aber fehlte, war eine schnelle Dampflok für die vielen Strecken, deren Oberbau nur eine Achsfahrmasse von 18 Tonnen zuließ. Versuche mit der teilverkleideten 03 154 und der vollverkleideten 03 193 zeigten, daß dank der Stromschale im oberen Geschwindigkeitsbereich erhebliche Zugkraftgewinne möglich waren. Allerdings wurde schnell deutlich, daß die zweizylindrige 03 im Geschwindigkeitsbereich über Tempo 130 überfordert war. Abhilfe sollte eine Dreizylinderkonstruktion schaffen. Auf Basis der 03 präsentierte Borsig 1939 die beiden Prototypen der zunächst für 150 km/h zugelassenen 03.10 mit ihrer markanten Vollverkleidung.

Nach guten Erfahrungen wollte die Reichsbahn 138 weitere Schnelläufer der Baureihe

Technische Daten Baureihe 03.10	
Bauart	2'C1'h3
Beschaffungszeit	1939 – 1941
Gesamtserie	60 Exemplare
Länge über Puffer	23.910 mm
Treibraddurchmesser	2000 mm
Dienstmasse	103,04 t
Achslast	18,33 t
Höchstgeschwindigkeit	140 km/h
Leistung	1800 PS
Ausmusterung	DB 1966; DR 1980

03.10 beschaffen. Der Krieg diktierte aber einen anderen Weg. In drei Losen ließ die Reichsbahn lediglich 58 Maschinen fertigen. Borsig lieferte die rotlackierten Maschinen 03 1003 bis 03 1022, Krupp die ebenfalls roten Maschinen 03 1043 bis 03 1060 und Krauss-Maffei schließlich die blauen 03 1073 bis 03 1092. Alle weiteren Aufträge wurden storniert.

Schon wenige Wochen nach Lieferung der ersten Serien-03.10er begrenzte das Reichsverkehrsministerium die Höchstgeschwindigkeit der Maschinen auf 140 km/h. Im alltäglichen Einsatz und bei allfälligen Wartungsarbeiten zeigte sich bald, daß die serienmäßig ohne Triebwerksverkleidung gelieferten Loks den Maschinen mit Triebwerksverkleidung überlegen waren. Per Dekret ordnete die Reichsbahn 1941 an, daß die Verkleidung wie bei den Borsig-Maschinen bis 225 Millimeter über Kuppelachsmitte zurückzuschneiden sei.

Nach dem Ende des Krieges waren die Loks abgewirtschaftet, die Strecken erlaubten keine hohen Geschwindigkeiten mehr, die einst elegante Stromschale war überflüssig. Bis Anfang der fünfziger Jahre entfernten die Bahnen in beiden deutschen Staaten die Verkleidung. In diesem Zustand erzielten die Maschinen Rekordlaufleistungen. Aus der DDR wurden Spitzenleistungen bis zu 22.000 km pro Monat gemeldet. In Westdeutschland, wo die Loks FD-Züge zwischen Frankfurt und Hamburg beförderten, legte die 03 1081 im Juli 1954 genau 26.384 km zurück.

Weil die Kessel aus nicht alterungsbeständigem Stahl gefertigt waren, mußten sie bereits in den fünfziger Jahren in Ost- und Westdeutschland durch neue Dampferzeuger ersetzt werden. Mit den Neubaukesseln liefen die Maschinen bei der DB bis 1966 erfolgreich im Fernschnellzugdienst, bei der DR sogar bis 1980.

Die Märklin-Modelle

Mit dem ersten Märklin-Modell einer stromlinienverkleideten 03.10 begann 1970 eine Ära überaus fein detaillierter Dampfloks. Zunächst erschien die 03 1051 in Schwarz (3094). Das Besondere an der Lok war neben dem schön gravierten Gehäuse das neue Fahrwerk mit zierlichen Speichenrädern. Die Kraftübertragung zwischen den angetriebenen Achsen erfolgte durch die Kuppelstangen, die bislang üblichen zwischengeschalteten Zahnräder fehlten. Ein Rätsel blieb für Märklin-Freunde zunächst ein kleiner Luftbehälter zwischen der zweiten und dritten Kuppelachse, der nur bei abgenommenem Gehäuse sichtbar war. Das Rätsel löste sich zwei Jahre später: Das gleiche Fahrwerk diente, mit Pufferbohle und wuchtiger Zylindergruppe versehen, auch der neuentwickelten bayerischen S 3/6.

***Oben:** Aus dem Jahre 1970 stammt das Modell der 03 1051.*

Zunächst aber folgte 1971 das Pendant der schwarzen 03.10 in elegantem Weinrot (3089). Mit kleinen Änderungen blieb die schwarze Lok bis 1975 im Programm, die rote verschwand 1989 von den Katalogseiten. Für das Zweischienen-Gleichstromsystem gab es die rote 03.10 in den Jahren 1972 und 1973. Nach einer Pause von zwei Jahren erschien 1992 erneut ein Modell der stromlinienverkleideten Maschine als 03 1056. Während Märklin das Gehäuse der Vorgängertypen weitgehend unverändert übernahm, beschritt man beim Fahrwerk neue Wege und adaptierte kurzerhand das Fahrwerk der 01.10 für die Stromlinienlok. Neben dem feineren Fahrwerk überzeugte die Lok auch mit einer authentischen grauschwarzen Lackierung. Das Modell war bis 1995 wahlweise mit elektronischem Fahrtrichtungsschalter (3391) oder mit digital geregeltem Hochleistungsantrieb (3791) erhältlich. Speziell für die MHI fertigte man 1994 eine blaue Variante der Lok mit roten Zierstreifen als 03 1049, wahlweise mit Delta-Modul (3489) oder mit Hochleistungsantrieb (3789).

Ein ungewöhnliches Modell der 03.10 war die 03 1043, die 1993 in der seltenen blauen Version mit Altbaukessel und ohne Verkleidung erschien (3097). Die Lok für das Hobby-Programm entsprach bis auf die Lackierung der Zweizylinder-03 mit der Artikelnummer 3085.

***Oben:** So präsentierte sich die 24 058 im Jahr 1964. Wie bei der Deutschen Bundesbahn üblich hatte man auch bei dieser Lokomotive die großen Wagner-Windleitbleche gegen die der Bauart Witte eingetauscht.*

BAUREIHE 24 – DAS STEPPENPFERD

Unter dem merkwürdigen Spitznamen „Steppenpferd" ist die Baureihe 24 in die Annalen der Dampflokgeschichte eingegangen. Solche Tiere bestechen eigentlich durch Geschwindigkeit und Eleganz. Zumindest letzteres bescheinigen der Schlepptenderlok für Nebenstrecken nur wenige Fans. Mit ihrem im Verhältnis zum Kessel übergroßen Führerhaus wirkte sie etwas plump. Und rekordverdächtige Geschwindigkeiten legte sie auch nicht hin: Bei Tempo 90 war für die insgesamt 95 Loks, die zwischen 1928 und 1940 gebaut wurden, Schluß.

Als echte Einheitslokomotive hatte die Baureihe 24 eine unverkennbare Schwester: die Baureihe 64 für kürzere Strecken, eine Tenderlok mit der Achsfolge 1'C1', deren Vorlauf- und Treibradgruppe ebenso wie Kessel und Zylinder weitgehend mit denen der Baureihe 24 übereinstimmten.

Das Verbreitungsgebiet der Steppenpferde sollte die Ebene sein. Ursprünglich für Nebenbahnen im Flachland gedacht, überzeugte die 24 aber nicht nur in Norddeutschland und Ostpreußen, sondern zog ihre Personenzüge auch in Hessen und sogar im Schwarzwald klaglos bergan. Erst nach dem Krieg setzte die Bundesbahn die 24 wieder fast ausschließlich in Nord- und Nordwestdeutschland ein. Die letzte DB-24 quittierte 1966 beim Bw Rheydt ihren Dienst, bei der Reichsbahn standen die Loks zwei Jahre länger im Dienst.

Beliebtes Versuchsobjekt

Die Baureihe 24 war in ihrer Laufbahn wegen ihrer überaus geglückten Konstruktion auch ein beliebtes Versuchsobjekt. Bereits 1932 experimentierte die Reichsbahn im Rahmen eines Versuchsprogramms bei den Lokomotiven 24 069 (Märklin-Modell 30031) und 24 070 mit

Oben: *Aus dem Jahr 1937 stammt diese Aufnahme. Sie zeigt den P 3843 auf der Kinzigbrücke bei Schenkenzell im Schwarzwald. Als Zuglok des aus verschiedenen zweiachsigen Personenwagen gebildeten Zuges kam die 24 024 zum Einsatz.*

einem Kesseldruck von 25 bar – mit Erfolg. Die nach dem Verbundprinzip arbeitende 24 069 war die sparsamste deutsche Dampflok. Zu ganz besonderen Ehren kam die 24 061 (Märklin-Modell 30032). Sie wurde als Erprobungsträger für Armaturen genutzt. Die Tüftler vom Eisenbahnzentralamt Minden in Westfalen verpaßten ihr das Krauss-Helmholtz-Gestell einer 64 und den vierachsigen Tender einer Maschine der Baureihe 50, womit ihr Aktionsradius wesentlich erhöht wurde. Wegen der besseren Laufeigenschaften mit dem neuen Vorlaufgestell war sie als einzige ihrer Baureihe für Tempo 100 zugelassen.

Die Märklin-Modelle

Das Modell der Baureihe 24, eigentlich Modellbahners Ideal, ist ein Klassiker im Märklin-Programm. Seit 1950 zieren verschidene Versionen der Lok den Katalog. Auch wenn der Hersteller keine genauen Produktionszahlen angibt, kann man annehmen, daß die Steppenpferde nach der kleinen 89 den zweiten Platz unter den meistgebauten Modellbahnlokomotiven einnehmen. Dafür sprechen die lange Produktionsdauer, der günstige Preis und der Umstand, daß die Lok häufig in Startpackungen zu finden ist. Ihre Beliebtheit liegt aber sicher auch darin, daß sie die Bedürfnisse der Spielbahner wie der Modellbahner gleichermaßen zufriedenstellt. Vielleicht haben sich auch manche Fans dieser Maschine daran erinnert, daß sie früher jene Wagen zog, also Donnerbüchsen, Umbauwagen oder ursprüngliche Länderbahntypen, die sie zur Schule in die nahegelegene Stadt brachten.

Beliebtes Modell

Das Modell des Steppenpferds hat alles, was eine richtige Dampflokomotive haben sollte: ein vorbildgetreues Gestänge, einen Schlepptender, eine Spitzenbeleuchtung und natürlich große Windleitbleche. Ihr Einsatzgebiet, die Nebenbahn, läßt sich samt kleinem Bw auch auf kleinen Anlagen glaubhaft nachbilden. Die Lokomotive macht sich optisch wunderbar vor Donnerbüchsen, Abteil- oder Umbauwagen, aber auch vor kurzen Güterzügen, wie sie auf der Modellbahn oft genug zu finden sind; von Güterzügen mit Personenbeförderung, einer eher seltenen Spezies, ganz zu schweigen. Die Baureihe 24 gehört zur Familie der Märklin-Modelle, deren Aufbauten schon recht früh aus Kunststoff gefertigt wurden und

***Rechts:** Der Wiederaufbau in Deutschland ist in vollem Gang, auch wenn 1959 viele Bahnhöfe noch einem Provisorium gleichen. Im Duisburger Hauptbahnhof wartet die ehemalige Mittedrucklok 24 070 mit einem Personenzug auf die Weiterfahrt.*

damit ein recht hohes Niveau in Sachen Vorbildtreue boten.

Am Anfang gab es aber eine 24, bei der sowohl der Aufbau als auch das Tendergehäuse aus Zinkdruckguß gefertigt waren: die RM 800 von 1950, der allerdings die Vorlaufräder fehlten. Sie wurde bis 1954 fast unverändert, ab 1953 allerdings mit Kunststofftender, gebaut.

Ab 1996 mit Delta-Modul

Das bekannteste Modell der 24, die 3003 aus Kunststoff, begann 1956 noch unter der alten Artikelnummer FM 800 ihren Siegeszug. Große Änderungen erfuhr die 3003 in ihrer nunmehr über 40jährigen Geschichte nicht. Nur hin und wieder hinterließ der technische Fortschritt in Form von Verfeinerungen positive Spuren am Modell. 1959 ersetzte eine Beleuchtung mit Lichtleitern die beiden elektrischen Stirnlampen, ab 1965 bekam die Lok eine feine, gedruckte Beschriftung und etwa 1978 wurde dem Führerhaus eine Motorabdeckung spendiert. Rollte das Modell über all die Jahre mit der Betriebsnummer 24 058 über die Märklin-Anlagen, erhielt es 1996 die neue Betriebsnummer 24 014. Seitdem wird die Lok in Startpackungen serienmäßig auch mit einem Delta-Modul angeboten.

1996, vier Jahre nach Einstellung des Primex-Sortiments, präsentierte Märklin erstmals wieder unter dem Markennamen Primex als Sommerneuheit ein Sondermodell der Mitteldrucklok 24 069 im grauen Fotolack (30031). Wie in alten Zeiten lieferte Märklin das Modell in der leuchtend orangen Primex-Verpackung aus. Als bislang letzte Variante der kleinen Schlepptenderlok erschien 1998 ein Modell 24 061 mit rotem Fahrwerk, die mit dem vergleichsweise riesigen Tender T 26 gekuppelt war. Mit ihm darf das Steppenpferd – zu Erprobungszwecken, versteht sich – auch einmal etwas flotter über die Gleise rollen. ◀

Technische Daten Baureihe 24

Bauart	1'Ch2 (24 069: 1'Ch2v)
Beschaffungszeit	1928 – 1939
Gesamtserie	95 Exemplare
Länge über Puffer	16.960 mm
Treibraddurchmesser	1500 mm
Dienstmasse	57,4/58,5 t
Achslast	15,1/15,2 t
Höchstgeschwindigkeit	90 km/h
Leistung	920 PS
Ausmusterung	DB 1966; DR 1968

Oben: *Seit über 40 Jahren ist das Modell mit der Katalognummer 3003 ein Dauerbrenner im Märklin-Programm.*

Links: *Primex-Sondermodell der Mitteldrucklok 24 069 im Fotografieranstrich der Deutschen Reichsbahn.*

Rechts: *Als Lokzug fährt die 41 322 auf der Emsbrücke in der Nähe des Bahnhofes Westbevern in Richtung Osnabrück. Im November 1956 hatte die Lok noch ihre großen Wagner-Windleitbleche.*

Unten: *Mit einem genieteten Tender, großen Wagnerblechen und zentralem Rauchkammerverschluß präsentierte sich die 41 001 im Ablieferungszustand.*

BAUREIHE 41 – MÄDCHEN FÜR ALLES

Genau vier Monate nach Kriegsende, am 8. September 1945, zerriß ein ohrenbetäubender Knall die Stille zwischen Garßen und Eschede nördlich von Celle. Auf der Strecke von Hannover nach Hamburg war der Kessel der 41 309 zerknallt. Was immer die genauen Ursachen für dieses Unglück waren, bei dem drei Menschen ums Leben kamen – es war nicht ganz untypisch für Lokomotiven aus der Zeit Ende der dreißiger Jahre, deren Kessel aus dem nicht alterungsbeständigen Stahl St 47 K gefertigt waren.

Eine Universallokomotive

Anfang der dreißiger Jahre gab es erste Überlegungen für eine Lok, die eines Tages die Nachfolge der 1'D-Güterzugloks der preußischen Gattung G 8.2 antreten und zudem schnelle Güterzüge mit Geschwindigkeiten von bis zu 90 Stundenkilometern befördern sollten. Den Zuschlag bekam ein Entwurf der Berliner Maschinenbau AG. 1936 ging die Baureihe 41 in Serie. Um die Loks freizügig auch auf Strecken einsetzen zu können, deren Unterbau nur einen Achsdruck von 18 Tonnen zuließ,

konnte man die Gelenkbolzen der Ausgleichshebel zwischen Lauf- und Kuppelachsen umstecken und so die Kuppelachslast zwischen 18 und 20 Tonnen variieren. Trotz der technischen Finessen rief der Kessel der 41 schon kurz nach Inbetriebnahme der ersten Exemplare Stirnrunzeln in den Ausbesserungswerken der Reichsbahn hervor. Die Zweizylindereinheitsloks warteten nämlich außer mit ihrem variablen Achsdruck noch mit einer weiteren Neuerung auf: Erstmals bei einer Serienlokomotive sollte der Kesseldruck 20 statt der üblichen 16 bar betragen. Trotz des prinzipiell höher belastbaren neuen Kesselstahls zeigten sich die Kessel, weitgehend angelehnt an die der Baureihe 03, den Anforderungen nicht gewachsen. Immer wieder kam auf die Herstellerfirmen die Forderung nach Gewährleistung zu, bis 1941 der Druck auf die üblichen 16 bar herabgesetzt wurde.

Oben: *Mit einem Güterzug verläßt die 41 002 im Jahre 1952 den Bahnhof Hanau. Die Szene spiegelt die frühen Bundesbahnjahre trefflich wieder.*

Links: *Die klassische Portraitaufnahme zeigt die 41 122 mit ihren großen Windleitblechen.*

Rechts: *Diese Werkaufnahme zeigt die 41 182 im Fotografieranstrich.*

Dabei blieb es auch, als die DB 103 der insgesamt 366 Lokomotiven zwischen 1958 und 1962 mit Neubaukesseln ausrüstete. Die Deutsche Reichsbahn ersetzte bei 40 Maschinen der Baureihe 41 im Rahmen der Rekonstruktion ebenfalls die alten Dampfspender durch geschweißte Neubaukessel. Nachdem damit die Kesselprobleme ausgestanden waren, konnten beide deutsche Bahnen bis zum Ende der Dampflokzeit nicht mehr auf die vielseitig verwendbare 41 verzichten. Die Mikados, wie die 1'D1'-Bauart in den USA bezeichnet wurde, bewährten sich im Personen- und Güterzugdienst; zuweilen zogen sie sogar einen Schnellzug durchs Hügelland. Und das, obwohl die Lok im ursprünglichen Typenplan der Reichsbahn gar nicht enthalten war.

Rechts: *Mit einem anläßlich von Filmarbeiten speziell zusammengestellten Nahgüterzug stampfte die auf Ölfeuerung umgebaute 41 360, eine auch heute noch betriebsfähige Museumsdampflok, durch das Sauerland (4. November 1988). Diese Lok erhielt zudem einen Neubaukessel.*

Die Märklin-Modelle

Für Märklin lag es auf der Hand, bei der Herstellung großer Schlepptenderloks in fein

Technische Daten Baureihe 41

Bauart	1'D1h2
Beschaffungszeit	1936 – 1941
Gesamtserie	366 Exemplare
Länge über Puffer	23.910 mm
Treibraddurchmesser	1600 mm
Dienstmasse	101,9 t
Achslast	19,7 t
Höchstgeschwindigkeit	90 km/h
Leistung	1900 PS
Ausmusterung	DB 1977; DR 1987

detaillierter Guß-/Kunststoffbauweise nach der Baureihe 03 auch ein Modell der 41 aufzulegen. Was bei den Einheitslokomotiven beabsichtigt war, führte so auch beim Modellproduzenten zu einem Rationalisierungseffekt: Der Kessel paßte für beide Baureihen.

Die Geschichte der Märklin-41 begann 1978 mit dem Modell der 41 334, einer Bundesbahnlok mit großen Windleitblechen (3082). Mit kleinen Modernisierungen blieb die Lok bis 1992 im Angebot. Die Hamo-Version verschwand bereits 1981 von den Katalogseiten.

1993 ließ Märklin die Umnumerierung auch auf den Modellbahngleisen Wirklichkeit werden: Die komplett überarbeitete Lok mit feinerem Gestänge und schwarzvernickelten Radsätzen erhielt die Nummer 041 334, kleine Windleitbleche, einen elektronischen Fahrtrichtungsschalter, Kurzkupplungsköpfe und die neue Artikelnummer 3392. Wie ihre Variante mit digital geregeltem Hochleistungsantrieb (3792) blieb sie bis 1996 im Angebot. In gleicher, überarbeiteter Ausführung, allerdings mit großen Windleitblechen, silbernen Kesselringen und lediglich zwei Stirnlampen wurde 1995 die 41 001, die mit dem Nietentender T 32 gekuppelt war, speziell für die Jubiläumsstartpackung „60 Jahre H0“ in Reichsbahnausführung mit Delta-Modul gefertigt. Die gleiche Maschine, allerdings als Bundesbahnlok 41 046 beschriftet, ermöglichte in der Packung 29605 den Start mit dem richtungsweisenden C-Gleis. Für die Startpackung 29625 legte Märklin ein Modell der 41 354 auf, die in der Ausführung weitgehend den überarbeiteten Modellen von 1993 entsprach. Als Besonderheit kann die Delta-Lok mit einer funktionsfähigen Triebwerksbeleuchtung überzeugen.

Oben: *Aus dem Jahre 1978 stammt die erste Version der Märklin-41 mit großen Windleitblechen.*

Unten: *Komplett überarbeitet – mit kleinen Witteblechen – tauchte dann 1993 die Lok mit Computerbeschriftung im Programm auf.*

__Rechts:__ Ein Zug wie aus dem Bilderbuch: Durch die Frühlingslandschaft bei Altenbeken schleppt eine 44 einen auch für die Modellbahn bestens geeigneten Güterzug.

__Rechte Seite:__ Die 044 834 schleppt einen Kokszug bei Lehenhammer nach Sulzbach-Rosenberg.

__Unten:__ Drei Jumbos haben Ruhepause im ehemaligen Bw Gelsenkirchen-Bismarck.

BAUREIHE 44 – GIGANT DER ARBEIT

Bis zu den Serienloks der Baureihe 44 war es ein langer Weg. Nach zehn Prototypen mit abweichenden Kesselaufbauten aus dem Jahr 1926 entschied sich die Reichsbahn zunächst gegen die Dreizylindermaschinen und baute statt dessen die zweizylindrige 43. Erst 1937 begann die Serienfertigung der bei höheren Geschwindigkeiten leistungsfähigeren Baureihe 44. Bis 1949 bauten zahlreiche europäische Lokomotivfabriken 1989 Stück der bald als Jumbo bezeichneten 44.

Die Maschinen der verschiedenen Bauserien unterschieden sich nur in Details geringfügig voneinander. Auffälligstes Merkmal der Bauarten aus Kriegs- und Nachkriegszeit ist das beiderseits fehlende vordere Führerhausfenster. Trotz der langen Bauzeit erreichten die 44er den Höhepunkt ihrer Laufbahn erst in der Nachkriegszeit. Gerade in den Zeiten des Wiederaufbaus wurden die Maschinen zu einer wichtigen Stütze des Güterverkehrs in beiden deutschen Staaten. Der Mitte der fünfziger Jahre einsetzende Traktionswandel konnte den Jumbos zunächst nur wenig anhaben. Die 44er schienen für die Ewigkeit gebaut. Dennoch erwog Krupp in Essen bereits 1953, mit einer Ölzusatzfeuerung die Leistungsfähigkeit dieser

***Rechts:** Mächtig dampfend verläßt die 44 566 mit einem aus offenen E-Wagen gebildeten Güterzug Crailsheim in Richtung Heilbronn. Fotografiert wurde im Juni 1972.*

***Unten:** Zwei Jumbos der ehemaligen Reichsbahn der DDR warten vor ihren Zügen auf die Weiterfahrt.*

Aktivist Columbus

Im Herbst 1949 war die DDR gerade gegründet worden. Das war sicher eines der wichtigsten Gesprächsthemen der Reichsbahner zwischen Leipzig-Wahren und Halle, zwischen Wittenberg und Falkenberg. Dennoch gab es damals noch ein Thema bei ihren Fachsimpeleien – jedenfalls wenn man der Eisenbahnerzeitung „Fahrt frei" vom Oktober jenes Jahres glauben darf: „Columbus".

So hieß die 44 116, die Aktivistenlok des Bw Leipzig-Wahren, und der Ehrgeiz der Besatzungen ging dahin, mit „Columbus" die magische Grenze von 1000 Streckenkilometern in 24 Stunden zu schaffen. Die Reporter müssen zwar einräumen, daß Lokführer Fritsche und Heizer Jurk es nicht ganz schafften. Aber sie trieben „Columbus" immerhin auf 925 Kilometer und sparten dabei noch 17,2 Tonnen Kohle.

„Uhrzeit 00 ist es, und der Kollege Fritsche schiebt den Hebel auf Anfahren, während sein Heizer Jurk dem Feuerschlund unter dem heißen Kessel zu fressen gibt", schreibt der realsozialistische Chronist, „und schon nach ein paar Minuten donnert „Columbus" mit 1106 Tonnen auf 110 Achsen durch die sternenklare Nacht Richtung Falkenberg."

Dort kommt er trotz des furiosen Starts mit Verspätung an, denn es gab einen Heißläufer – eine Achse, die mangels Schmierung heißlief. Das verzögert. Also muß auf der Kegelbahn zwischen Wittenberg und Bitterfeld mit D-Zug-Geschwindigkeit gefahren werden. Wie schnell das genau ist, geht aus dem Bericht nicht hervor, aber Tempo 80 schafften die Maschinen.

Die zweite Schicht Zugpersonal fuhr zu jenen Zeiten im Brigadewagen mit, wo sie zur Nachtruhe mit Strohpritschen pur vorlieb nehmen mußten: „Bettwäsche sollen wir ja kriegen, hat uns im April der neue Amtsvorsteher Gruber verkündet", murmelt ein Heizer im Halbschlaf und niest den Strohhalm aus der Nase. Emaillekannen mit Blümchenkaffee stehen auf dem kleinen eisernen Ofen.

Außer den Heißläufern müssen auf der Strecke noch zwei Wagenbrände gelöscht werden, und dann verstopfen auch noch Rohre in der Lok: „Nur mit aller Gewalt ist der Dampfdruck auf sieben bis acht atü zu halten. Langsam schleicht „Columbus" mit seinen 90 Achsen und 989 Tonnen dem Zielbahnhof zu."

Unnötiges Rangieren und ein Kupplungsschaden haben den Aktivisten zwischenzeitlich die letzte Hoffnung auf das Erreichen ihres Zieles genommen. Aber sie haben es, den Angaben der „Fahrt frei" zufolge, nicht aus den Augen verloren. „Wir werden die tausend Kilometer in 24 Stunden schaffen, und wenn der Satan sich in die Schwungräder festbeißen sollte", ruft zum Abschied der Heizer Wagner aus dem kleinen Lokfenster, während „Columbus" langsam zur heimatlichen Drehscheibe rollt.

Dampflokomotiven weiter zu steigern. Zusammen mit dem Bundesbahnzentralamt in Minden entwickelte Krupp seine Ölzusatzfeuerung bis 1954 zur Serienreife. Als Erprobungsträger für die neue Technik diente die 44 475 des Bahnbetriebswerks Bebra. Vergleichsfahrten der Lok mit ihren kohlegefeuerten Schwestermaschinen bestätigten eindrucksvoll die Vorteile der Booster-Feuerung, die es erlaubte, immer die volle Kesselleistung zu nutzen.

Umbau auf Ölfeuerung

Ab 1958 ging man noch einen Schritt weiter. Zunächst baute Henschel zwei Maschinen der Baureihe 44 auf Ölhauptfeuerung um. 1960 erhielten 30 weitere Loks im Ausbesserungswerk Braunschweig statt der Rost- eine Ölfeuerung, die optisch durch den im Vergleich zum Kohlekasten deutlich längeren Ölbehälter auf dem Tender auffielen. Im seit 1968 gültigen Nummernplan der Deutschen Bundesbahn bekamen die ölgefeuerten 44er – vielleicht als Reminiszenz an die Zweizylinderkonkurrentin aus frühen Reichsbahnzeiten – die Bezeichnung 043. Die Kohleloks fuhren als 044er.

Bis in die siebziger Jahre bewährten sich die Maschinen oft in Doppelbespannung vor bis zu 4000 Tonnen schweren Zügen. Um den Bedarf an leistungsfähigen Dampfloks, die den Dieselloks weit überlegen waren, abzudecken, ließ die DB noch 1974 vier weitere 044 zu ölgefeuerten 043 umbauen. Als am 26. Oktober 1977 die Dampflokära bei der Bundesbahn zu Ende ging, bespannte die 1943 bei Batignolles im französischen Nantes gebaute 043 903 den letzten Dampfzug.

Die Märklin-Modelle

Auf der ersten Nürnberger Spielwarenmesse 1950 stahl sie allen die Schau. Märklin stellte seine erste Dampflok mit fünf angetriebenen Achsen vor: das weitgehend maßstäbliche Modell der Baureihe 44 mit dem noch heute üblichen Knickrahmen. Ein spezielles H-förmiges Zwischenglied übertrug, von außen völlig unsichtbar, das Drehmoment des Motors von der hinteren Fahrwerkgruppe auf die Zahnräder des vorderen Fahrwerkteils. Die zierliche Form des Kessels ermöglichte erst der neue, flachere Scheibenkollektormotor, der bereits in zahlreichen Nachkriegskonstruktionen seine Runden drehte. Mit ihren zwei Fenstern pro Führerhausseite war die Lok als Vertreterin der Vorkriegsbauserien zu identifizieren, wenn ihre Schöpfer auch darauf verzichteten, die Betriebsnummer an Führerhaus und Rauchkammertür anzugeben. Dort stand vielmehr G 800, die Artikelnummer des Modells. Der Text zu den technischen Daten überraschte mit weiteren Fakten, die sie deutlich als eines der Flagg-

Oben: *Die 044 534 ist das große Vorbild der Märklin-Lok.*

Unten: *Eine auf Ölfeuerung umgebaute 44 durchfährt den Bahnhof Leer.*

***Oben:** Zwei Flügel für die 043 903, die im August 1974 mit einem Güterzug den Emdener Rangierbahnhof verläßt.*

schiffe der Göppinger Eisenbahnbauer auswies: „Gewicht einschließlich Tender etwa 1000 Gramm“. Märklin fertigte den Nietentender T 32 der G 800 zunächst vollständig aus Metallspritzguß. Erst bei späteren Auflagen ersetzte ihn ein Pendant aus Kunststoff.

Märklin war stolz auf die „bemerkenswerte Neuschöpfung“, wie es im Begleittext hieß. „Geballte Kraft, harmonisch vereint mit Formschönheit, gehen von diesem Modell aus, das die Sehnsucht aller Märklin-Freunde sein wird“. Angesichts ihres Preises von 75 Mark, mehr als ein Wochenlohn, blieb sie aber für viele ein Traum. „Man sieht schon im Geist die Güterzugschlange, glaubt den gleichmäßigen Auspuff zu hören, mit dem sie kraftvoll ihre Annäherung ankündet“, schwelgte der Firmenprospekt weiter. Später zeigten Bilder den „Giganten der Arbeit“, so der Märklin-Katalog, korrekt als 44 066 beschriftet und mit zwei Führerhausfenstern pro Seite versehen.

1955 löste die GN 800, die bereits mit dem neuen Schweißtender T 34 aus Kunststoff gekuppelt war, die G 800 ab. Als authentische Nachbildung einer Maschine, die 1941 in Floridsdorf bei Wien hergestellt wurde, bekam die Lok die neue Betriebsnummer 44 690. Einschneidende Neuerungen brachte das Jahr 1958: Erstmals rollte die Märklin-44 mit Telex-Kupplung in den Handel. Kurze Zeit später ersetzte ein mit Lichtleitern beleuchtetes Dreilichtspitzensignal die beiden elektrischen Stirnlampen. Ab 1964 fertigte Märklin seinen nunmehr rauchenden Jumbo ohne die vorderen Führerhausfenster, aber nach wie vor als 44 690 beschriftet (3047). Mit einer vorbildgerechten Beschriftung und einem verglasten Führerhaus blieb die Maschine unverändert von 1965 bis 1973 im Programm.

Das Jubiläumsmodell

Elf Jahre nach dem Dahinscheiden der 44 690 sollte noch einmal eine 44 aus dem großen Märklin-Lokschuppen rollen – die 44 481. In grau-silberner Packung feierte sie 1984, allerdings ohne Telex-Kupplung, als Sonderserie das Jubiläum „125 Jahre Märklin“ mit (3108). Ihr Vorbild wurde 1941 von Henschel gebaut und rollte Ende Mai 1977 als eine der letzten 44 in Gelsenkirchen aufs Abstellgleis. Heute steht sie bei Henschel in Kassel auf dem Denkmalssockel. Für Freunde des Zweischienen-Gleichstromsystems bot der Märklin-Katalog von 1965 bis 1973 eine Hamo-Version der 44 an (8347). Neben all den unterschiedlichen DB-Varianten der 44 gab es den Jumbo auch im Erscheinungsbild benachbarter Bahnver-

Technische Daten Baureihe 44	
Bauart	1'Eh3
Beschaffungszeit	1926 – 1949
Gesamtserie	1989 Exemplare
Länge über Puffer	22.620 mm
Treibraddurchmesser	1400 mm
Dienstmasse	110,2 t
Achslast	19,3 t
Höchstgeschwindigkeit	80 km/h
Leistung	Kohle 1910 PS; Öl 2100 PS
Ausmusterung	DB 1977; DR 1981

waltungen. Zunächst erschien 1965 die französische 150X in elegantem Grün und mit geänderter Front ohne Windleitbleche. Die Lok verschwand 1973 von den Katalogseiten. Lediglich in den Jahren 1967 und 1968 fertigte Märklin das dänische Gegenstück zur 44, die Baureihe N. Charakteristisch für die komplett schwarze Version mit Windleitblechen, die weitgehend der französischen Ausführung entsprach, waren das asymmetrische Zweilicht-spitzensignal und die markanten Pflugscharen. Beide Loks wurden auch für das Hamo-Programm angeboten.

Die Neuentwicklung

Zwölf Jahre später lebte die Tradition der schweren Güterzuglok im Märklin-Programm wieder auf. Als weitgehende Neukonstruktion schickten die Göppinger zunächst die 044 534 ohne die bislang bei den Märklin-44ern typische Frontschräge aufs Gleis. Ein fein graviertes Gehäuse mit freistehenden Leitungen beeindruckte genauso wie das filigrane Fahrwerk mit klassischem Knickrahmen. Die Lok wurde mit Delta-Modul (34880) und mit digitalem Hochleistungsantrieb (37880) angeboten. Für die MHI produzierte Märklin das Modell 1996 auch in einer Hamo-Version (38880). 1997 folgte eine echte Primaballerina, sofern dieser Vergleich bei einem 180-Tonnen-Giganten erlaubt ist. Es war das MHI-Modell der 44 039 im eleganten grau-schwarzen Fotografieranstrich mit großen Windleitblechen, die 1937 von Schwartzkopff in Berlin gebaut wurde und für die Reichsbahn in Franken fuhr. Das Modell war ebenfalls mit Delta-Modul (34881) oder c90-Decoder (37881) zu haben.

Als erste Exportversion erschien 1998 die belgische 25 021 in grüner Ausführung ohne vordere Führerhausfenster. Sie ist mit dem kleineren Tender T 26 gekuppelt (34883).

***Oben:** Exakte Nachbildung der 044 534.*

***Unten**: Der Klassiker von Märklin mit Frontschürze und verschlossenem zweiten Führerhausfenster.*

Rechts: *Um 1950 endstand die Aufnahme der 50 1019 in Karlsruhe.*

Rechte Seite: *Bei Edelfingen – Strecke Lauda – Crailsheim – war die 050 319 im Februar 1975 unterwegs.*

Unten: *Eine 050 macht sich vor einem kurzen Güterzug nützlich.*

BAUREIHE 50 – DAS ERFOLGSMODELL

An den Ausgucks nach hinten konnte man nach dem Krieg rund 700 Lokomotiven der Baureihe 50 leicht erkennen. Die Deutsche Bundesbahn hatte in den Schlepptender der Bauart T 26 eine Kabine für den Zugführer eingebaut, damit sie den Güterzugbegleitwagen einsparen konnte. Bequem war es da hinten nicht, und allzu groß war die Übersicht des Insassen auch nicht, so daß letztlich ganz auf die Begleitung verzichtet wurde. Denn eigentlich kam es darauf an, Personal einzusparen und nicht nur Waggons. Dennoch prägte der Kabinentender die Güterzuglokomotiven der Baureihe 50 noch bis zu ihrer Ausmusterung.

Großserienproduktion

Eigentlich sollten die Loks, als sie 1937 entwickelt wurden, die altgedienten Güterzugmaschinen der preußischen Gattung G 10 ablösen. In den Konstruktionsbüros der Reichsbahn wurde lange darüber diskutiert, ob diese Maschine für schwere Güterzüge auf Nebenstrecken vier oder fünf Kuppelachsen haben sollte. Schließlich entschied man sich für den

050 319-3
F

Oben: *In Miltenberg standen am 7. Oktober 1971 noch bayerische Flügelsignale. Die 050 964 wird in Kürze mit ihrem P 3322 in Richtung Aschaffenburg losfahren.*

Rechts: *In gutem Pflegezustand zeigte sich die 050 003 im Mai 1972, aufgenommen im Bw Duisburg-Wedau.*

Fünfkuppler, weil sich die Masse damit auf mehr Achsen verteilen ließ und die Belastungen des Oberbaus geringer waren.

Kaum waren 1939 die ersten Lokomotiven ausgeliefert, erwies sich, daß die Baureihe 50 für Militärtransporte im Krieg hervorragend geeignet war; ihre Produktion wurde deswegen sprunghaft gesteigert. Acht Firmen im Gebiet des Reiches und später weitere in den besetzten Ländern wurden mit dem Bau beauftragt. Neben der 50 wurden während des Krieges zunächst nur zwei weitere Baureihen weiter produziert: die schweren Güterzugloks der Baureihe 44 und der universell verwendbaren Nebenbahnbaureihe 86. Als sogenannte Übergangskriegslokomotive wurde die Baureihe 50 in vielen Baugruppen vereinfacht. Manche Aggregate wurden ganz weggelassen, damit die Produktion schneller und fließbandartig

ablaufen konnte. So verzichtete man unter anderem auf die Windleitbleche und stattete die Vorlaufachse mit Scheiben- anstelle von mit Speichenrädern aus. Später entfiel auch eines der beiden Seitenfenster an jeder Seite des Führerhauses.

Kabine im Tender

Auf diese Weise entstanden insgesamt 3164 Lokomotiven der Baureihe 50. 1941 wurden 851 und im Jahr darauf 1058, also etwa drei pro Kalendertag, an die Reichsbahn geliefert. Nach dem Ende des Zweiten Weltkrieges zählte die Reichsbahn in den westlichen Besatzungszonen bei der Bestandsaufnahme 2563 Exemplare der Baureihe 50. In der sowjetisch besetzten Zone waren es 350. Darüber hinaus standen zahlreiche 50er unter anderem in Polen, Frankreich, Jugoslawien, der Tschechoslowakei, Österreich, Belgien und Ungarn. Da sie aber meist mit Kesseln aus dem spröden Stahl St 47 K ausgerüstet waren, bekamen viele Lokomotiven zunächst einen Nachbau- oder Austauschkessel, zum Beispiel von Maschinen der Baureihe 52. Viele Bauteile, wie etwa Windleitbleche, Vorwärmer oder Läutewerke, wurden wieder ergänzt. Im Westen bekamen 735 Loks zwischen 1958 und

***Oben:** Stimmungsvolle Aufnahme mit der 051 954 und ihrem Güterzug, den sie auf der Strecke Neukirchen – Sulzbach bei Schönlind zu ziehen hat (30. Dezember 1972).*

***Links:** Mit einem langen Güterzug verläßt die 052 339 das oberfränkische Hof.*

***Rechts:** Vor diesem schweren Güterzug waren gleich zwei Lokomotiven erforderlich: die 051 750 und die 053 019 verlassen kräftig arbeitend Crailsheim in Richtung Schwäbisch Hall.*

***Unten:** Der Nahgüterzug 65075 verkehrte im Sommer 1974 auch an Sonntagen. Als Zuglok kam am 16. Juni die 051 441, beobachtet in der Ausfahrt von Hochdorf, zum Einsatz.*

1962 die auffälligen Kabinen in den Tender eingebaut. Die technische Vielfalt der Baureihe war kaum noch überschaubar. Am Ende entsprachen sie den Erfordernissen der ausgehenden Dampflokzeit so gut, daß sie 1977 bei der Bundesbahn zu den letzten betriebsfähigen Dampflokomotiven gehörten und bei der DR sogar noch bis in die zweite Hälfte der achtziger Jahre fuhren.

Die Märklin-Modelle

In Göppingen war erst kurz vor der Ausmusterung des Vorbilds Baubeginn für die 50: 1974 dampfte die Bundesbahnvariante mit Kabinentender und Computernummer 050 082 ins Programm, also eine Vertreterin genau jener

Technische Daten Baureihe 50

Bauart	1'Eh2
Beschaffungszeit	1939 – 1943
Gesamtserie	3164 Exemplare
Länge über Puffer	22.940 mm
Treibraddurchmesser	1400 mm
Dienstmasse	86,9 t
Achslast	15,2 t
Höchstgeschwindigkeit	80 km/h
Leistung	1625 PS
Ausmusterung	DB 1977; DR 1989

Maschinen, die noch auf den westdeutschen Schienen zu beobachten waren. Im Gegensatz zum Vorbild blieb das Modell mehr als 20 Jahre, bis 1996, fast unverändert im Programm (3084). Von 1985 bis 1995 gesellte sich die Digitalvariante 3684, anfangs mit geänderter Betriebsnummer 052 903, zu ihrer analogen Schwester. 1987 kam dann die 50 3143 mit Wannentender und Scheibenrädern am Vorlaufgestell dazu. Die Epoche-III-Lok war in konventioneller Ausführung (3315) bis 1995 erhältlich, die Digitalversion mit c80-Decoder (3615) bis 1994.

Die Exportmodelle

Mehrere 50er brachte Märklin als Sonderserien für das Exportprogramm auch in den Farben benachbarter Bahnen heraus. Den Auftakt machte 1987 die belgische 25 004 mit Wannentender und flachem Schornstein (3316). Ihr folgte 1990 die 50 685 der Österreichischen Bundesbahnen mit neukonstruiertem Kastentender T 26 sowie erstmals mit geschlossenem Umlauf und großen Windleitblechen (3319). Abermals im belgischen Farbkleid erschien 1992 die 25 016, die jetzt aber mit dem Kastentender T 26 gekuppelt war und mit ihren großen Windleitblechen völlig anders wirkte als ihre Vorgängerin (3314). Für das Modelljahr 1992 erhielt die österreichische Version der Lok die neue Betriebsnummer 50 1805 und schwarz lackierte Radsterne (3319). Die französische 150 Z 2217, ohne Windleitbleche dafür aber mit Frontschräge, die auch als Hamo-Version gefertigt wurde (3414; 83414), und die niederländische 4903 mit großen Windleitblechen (3419) beschlossen dann 1993 das Potpourri der zahlreichen Export-Varianten, die ausnahmslos mit elektronischen Fahrtrichtungsschaltern geliefert wurden.

Oben: *Mit Scheibenrädern und Wannentender kam 1987 diese 50 ins Sortiment.*

Unten: *1974 wurde die 050 mit Kabinentender erstmals produziert.*

***Oben:** Nach dem Krieg verblieben einige Lokomotiven der Baureihe 52 in Österreich. Auch dort leisteten sie gute Dienste, wie am 14. September 1970 die 52 1198 vor einem Güterzug auf der Pyhrnbahn (Strecke Linz – Selzthal) bei Hinterstoder.*

BAUREIHE 52 – DIE KRIEGSLOKOMOTIVE

Wie wohl kaum eine Lok ist die als Kriegslokomotive apostrophierte Baureihe 52 zum Symbol für Höhepunkte und Schattenseiten der Eisenbahngeschichte geworden. Von keiner Dampflok sind je wieder so schnell so viele Exemplare gebaut worden: 6575 sollen es gewesen sein. Allerdings sind diese Zahlen mit einer gewissen Toleranz nach oben und unten zu lesen – am Ende fehlte allen Beteiligten der Überblick.

Die Baureihe 52 war eine vereinfachte Variante der Baureihe 50, die wiederum ursprünglich als Güterzuglok für Nebenbahnen geplant war, wegen ihres geringen Achsdrucks aber unmittelbar nach Kriegsbeginn für militärische Zwecke vereinfacht wurde. Diesen Weg beschritten Wehrmacht und Reichsbahn mit der 52 konsequent weiter. In einem Wehrmachtsbericht wurde sie als „Schütze Lok" und „neuer Kamerad ins Feld" geschickt.

Weniger wichtige Einrichtungen, wie etwa Windleitbleche, Läutewerk und ein aufwendiger Anstrich, wurden weggelassen. Dafür ergriffen die Konstrukteure besondere Maßnahmen, um die Loks gegen tiefen Frost zu wappnen. So wurden viele Rohrleitungen und zahlreiche Versorgungsaggregate unter die Kesselverkleidung verlegt, das Führerhaus isoliert und sogar der Fußboden beheizt. Außerdem verließen die Loks in einem schlichten Feldgrau die Werkshallen.

Insgesamt wurden 26 Tonnen Material und 6000 Arbeitsstunden pro Maschine eingespart. Allerdings machten sich mit zunehmendem Zeitdruck bei der Produktion auch Mängel in der Qualität bemerkbar. Trotz des immensen Ausstoßes an Lokomotiven mit eher fragwürdiger Qualität wurden zum Zeitpunkt der höchsten Produktivität Mitte 1943 monatlich bereits mehr Loks durch Kriegseinwirkung beschädigt als neu hergestellt. Im Lauf der Kriegsmonate änderten sich die Vorgaben für die Ausstattung der Loks immer wieder. Ab 1943 montierte man an den Maschinen wieder Windleitbleche, und für den Einsatz im trockenen Süden Rußlands wurden 52 mit Kondenstendern ausgerüstet, die den Abdampf sammelten und als Speisewasser wieder dem Kessel zuführten.

Die Geschichte der Kriegsloks ist aber nicht nur eine Geschichte von Hochrüstung und Zerstörung, sondern auch eine von Widerstand und Wiederaufbau. Aus Belgien wird überliefert, daß die Arbeiter des Werkes Haine-Saint-Pierre dem Auftrag, Loks der Baureihe 52 zu bauen, so starken Widerstand entgegensetzten, daß viele Maschinen erst nach dem Zusammenbruch des Dritten Reiches fertig wurden. So konnten sie im Bestand der Belgischen Staatsbahnen beim Wiederaufbau gute Dienste leisten.

Am Ende des Krieges waren die 52 über ganz Europa sowie Teile der Sowjetunion und der Türkei verteilt. Lediglich in den vom Krieg verschonten Ländern, der Schweiz, Schweden und der Iberischen Halbinsel, standen keine Loks dieser Baureihe. Was im Krieg als Vorteil galt, stellte sich auch beim Wiederaufbau als nützlich heraus: Die 52 erwies sich auch unter schwierigsten Betriebsbedingungen als unverwüstlich, obwohl sie nur für eine beschränkte Lebensdauer konzipiert war. Allerdings überstanden nur wenige Loks die Kampfhandlungen. Im Bestand der Bundesbahn landeten 814 Lokomotiven, die aber zum großen Teil so beschädigt waren, daß nur rund 150 wieder in den Betriebsdienst zurückkehrten.

In der DDR waren von rund 500 Loks der Baureihe 52 gut 300 betriebsfähig. Die Reichsbahn verordnete ihren 52ern umfangreiche Modernisierungsprogramme und rüstete zahlreiche Loks auf Kohlenstaubfeuerung um. Dank dieser Maßnahmen erfaßte die große Ausmusterungswelle die Baureihe erst in der zweiten Hälfte der siebziger Jahre. Auch danach wurden noch viele Loks als Reserve vorgehalten.

Die Märklin-Modelle

Seit 1994 gibt es bei Märklin die Baureihe 52 im H0-Maßstab. Das weitgehend neukonstruierte Modell konnte seine Verwandtschaft zur Baureihe 50 nicht verleugnen: Ein von der Konstruktion her ähnliches Fahrwerk mit Knickrahmen ermöglichte auch Fahrten durch den kleinsten Gleisradius. Zunächst erschien die Bundesbahnlok 52 3329, die sowohl mit Delta-Modul (3415) als auch mit digitalem Hochleistungsantrieb zu haben war (3715). Gleichzeitig wurde die Lok in der ursprünglichen Reichsbahnausführung ohne Windleitbleche in Feldgrau mit der Betriebsnummer 52 3604 als MHI-Modell ebenfalls in Delta- (3393) und Digitalausführung (3793) angeboten.

Ein großer Coup war das Insider-Modell 1997: die 52 1911 der DB mit völlig neu konstruiertem Kondenstender (34171). Bei der Digitalvariante ließen sich die Lüfterrotoren des Tenders digital zuschalten (37171). Auch bei der spektakulären Dampfschneeschleuder 26830/28830, dem Insider-Modell 1998, diente eine 52 als Schublokomotive.

Oben: *Die Strekke Selzthal – Hieflau führt durch das enge Gesäuse. Mehrmals täglich verfinsterten die schwer arbeitenden Dampfloks der Baureihe 52 das Tal, so auch am 22. Juni 1969. Die 52 798 und die 52 6806 verlassen eben den Bahnhof Hieflau.*

Rechts: *Das Modell der 52 3604 im feldgrauen Lack wird von einer Expertengruppe begutachtet. Märklin lieferte dieses Modell 1994 für die MHI.*

Oben: *Für die Mitglieder des Märklin-Insider-Clubs wurde 1997 das Modell der Kondenstenderlok 52 1911 geschaffen.*

Wie bei der Baureihe 50 gab es auch von der 52 eine bunte Palette ausländischer Varianten. Bereits ein Jahr nach der Premiere der DB-52 bereicherten eine norwegische Version als Reihe 63a (3417) und die österreichische 52 7088 mit neukonstruiertem Kabinentender in Wannenform (3416) das Exportprogramm. 1996 folgten die französische Lok 150Y17 (34157) und die luxemburgische 5609 mit zusätzlichen Kesselarmaturen, erstmals offenem Führerhaus und einer Nachbildung der aufwendigen Mechanik für die Wassereinläufe am Tender (34158). 1997 gelangte dann die belgische 26.005 in den Handel, ebenfalls mit offenem Führerhaus und mit kleinen Retuschen am Tender (34156) gegenüber dem Serienmodell. Und 1998 folgte eine weitere Variante der ÖBB.

Ein besonderes Schmankerl war schließlich die sowjetische Variante TE-3915 der 52 mit neuer Rauchkammertür und großem Scheinwerfer sowie einem exakt dem Vorbild entsprechenden Gestänge, teilweise ohne rot ausgelegte Stangennuten, die 1997 exklusiv für das MHI-Programm in Delta- und Digitalausführung (34159/37159) gefertigt wurde.

Baureihe 53: Die Lok, die nie gebaut wurde

Dunkel ist die Geschichte der Lok, die nie gebaut wurde, in vielerlei Hinsicht. Bekannt ist, daß Wehrmacht und Reichsbahn im Verlauf des Zweiten Weltkrieges nach neuen Lösungen für ihre Traktionsprobleme suchten, um die ge-

Technische Daten Baureihe 52

Bauart	1'Eh2
Beschaffungszeit	1942 – 1951
Gesamtserie	ca. 6600 Exemplare
Länge über Puffer	22.980 mm
Treibraddurchmesser	1400 mm
Dienstmasse	84 t
Achslast	15,4 t
Höchstgeschwindigkeit	80 km/h
Leistung	1620
Ausmusterung	DB 1963; DR 1989

Unten: *In Delta- und Digitalausführung bot die MHI eine 52 als sowjetische Variante TE-3915 an.*

Oben: *So hätte das Original vermutlich ausgesehen, wenn es gebaut worden wäre: die 53 002 in Feldgrau.*

stiegenen Herausforderungen an die Eisenbahn zu bewältigen, die mit den Eroberungen im Osten auf sie zuzukommen schienen.

Allein mit der massenhaften Produktion herkömmlicher Loks der Baureihen 52 und 42 konnten diese Probleme offenbar nicht gelöst werden, zumal die Produktion immer mehr Qualitätsmängel aufwies. Berichte aus jener Zeit belegen, daß die Loks hin und wieder sogar ohne Tender ausgeliefert wurden. Zum Bau der geplanten dritten Kriegslokomotive sollte es jedenfalls offiziell nicht mehr kommen. Es gibt allerdings Menschen, die seinerzeit bei Borsig gearbeitet haben und berichten, der Entwurf Borsig I sei zumindest im Bau gewesen. Sicher ist jedenfalls, daß die Maschine nicht fertig wurde.

Dessen ungeachtet lagen für das Projekt einer riesigen Güterzuglok, die sich auch auf schlechtem Oberbau und in engen Kurvenradien bewähren sollte, verschiedene Pläne mit überaus interessanten Lösungen vor. Gemeinsam war ihnen, daß Elemente ausländischer, namentlich amerikanischer Lokomotivbautraditionen aufgenommen werden sollten. Mit einem Mallet-Gelenktriebwerk und der Achsfolge (1'C)D hatte der Borsig-Entwurf, den Märklin schließlich im Modell umsetzte, jedenfalls einige Elemente mit den etwa zeitgleich in den Vereinigten Staaten erfolgreichen Big Boys gemeinsam.

Die Märklin-Modelle

In diesem Fall wird die beliebte Frage, ob die Henne zuerst da war oder das Ei, zugunsten des Eies beantwortet. Die Lok blieb beim Vorbild ein kühner Plan, das Modell rollte 1979 als 53 0001 im schwarzen Lack der Deutschen Reichsbahn in den Handel. Als Antrieb diente der bewährte Trommelkollektormotor, der über ein Stirnradgetriebe auf die hintere vierachsige Treibradgruppe wirkte. Auf den Antrieb des vorderen Fahrwerkteils konnte Märklin dank des hohen Gewichts des wegen seiner gelenkigen Bauart bald als Dampfkrokodil bezeichneten Modells verzichten. Die Maschine blieb zehn Jahre nahezu unverändert im Programm.

Ihr folgte 1989 als einmalige Sonderserie eine Variante der Lok im grau-schwarzen Fotografieranstrich. Märklin produzierte die Lok sowohl mit elektronischem Fahrtrichtungsschalter (3302) als auch mit c80-Decoder für das Digitalsystem (3602). Im gleichen Jahr bot Märklin die in den Einheitsfarben Schwarz und Rot lackierte ursprüngliche Version der Lok erstmals mit dem neuen elektronisch geregelten Fünf-Sterne-Motor an (3502). Sie blieb fünf Jahre im Programm.

Seit 1995 gab es ein Modell der 53 0002 im feldgrauen Anstrich, den das Original bei der Reichsbahn zunächst getragen hätte, wenn es tatsächlich gebaut worden wäre. Märklin lieferte das Modell wahlweise mit Delta-Modul (3301) oder mit digital geregeltem Hochleistungsantrieb (3701).

Technische Daten Baureihe 53

Bauart	(1'C)Dh4v (Mallet)
Beschaffungszeit	geplant ab 1943
Gesamtserie	–
Länge über Puffer	ca. 27.000 mm
Treibraddurchmesser	1400 mm
Dienstmasse	ca. 130 t
Achslast	ca. 17,2 t
Höchstgeschwindigkeit	80 km/h
Leistung	ca. 2400 PS
Ausmusterung	–

***Oben:** Mit großem technischen Aufwand wurde die Baureihe 80 entwickelt und gefertigt. Das Spitzenmodell erhielt sogar einen digitalen Hochleistungsantrieb, der dem Modell die für den Rangierbetrieb notwendigen Fahreigenschaften verlieh.*

BAUREIHEN 80/81 – BULLIS FÜR DEN RANGIERDIENST

Leipzig war die Heimat vieler Rangierlokomotiven der Einheitsbaureihe 80. Die kleinen Maschinen verrichteten eher unauffällig ihre Arbeit auf dem größten deutschen Bahnhof. Aber sie waren robust und kostengünstig im Unterhalt und erfüllten damit voll und ganz die Ansprüche, die ihre Konstrukteure an sie gestellt hatten. Die Heißdampf-Dreikuppler und ihre engen Verwandten, die Vierkuppler der Baureihe 81, sollten den Rangierdienst im Gleisgewirr der großen Stationen rationeller gestalten, als es die alten Länderbahnloks taten, von denen in den zwanziger Jahren genügend Exemplare vorhanden waren.

In den Jahren 1928 und 1929 bauten verschiedene Lokomotivfabriken insgesamt 39 Maschinen der Baureihe 80, die zunächst in Halle, Köln und Leipzig eingesetzt wurden. Weil die Reichsbahn nur eine geringe Höchstgeschwindigkeit von 45 Stundenkilometern forderte, verringerten die Ingenieure kurz vor dem Bau noch die Durchmesser der Räder von geplanten 1250 auf 1100 Millimeter, um möglichst viel Platz für einen leistungsfähigen Kessel zu schaffen. Die Dreikuppler sollten 900 Tonnen in der Ebene mit Höchstgeschwindigkeit ziehen können, die Vierkuppler, die auch für den Abdrückdienst gedacht waren, 1100 Tonnen.

Von der Baureihe 81 wurde nur die Vorserie von zehn Maschinen gebaut, die alle im Westen stationiert wurden und später auch bei der Bundesbahn blieben. Die Verwirklichung eines für Ende der dreißiger Jahre geplanten zweiten Bauloses von 60 Maschinen verhinderte der Krieg.

Von den Loks der Baureihe 80 wurde nur eine im Zweiten Weltkrieg zerstört. 17 kamen zur Bundesbahn, 21 zur Deutschen Reichsbahn. Die Reichsbahnloks waren zunächst wieder von Leipzig aus im Einsatz, während die Loks der Bundesbahn mehrmals die Betriebswerke wechselten, bevor sie gegen Mitte der sechziger Jahre von den Dieselloks der Baureihe V 60 abgelöst wurden. In der DDR ereilte sie etwa gleichzeitig ein vergleichbares Schicksal. Im Osten verblieb ihnen als Werkslokomotiven in Reichsbahnausbesserungswerken noch eine Gnadenfrist. Im Westen starteten die robusten Lokomotiven nach ihrer Ausmusterung noch in Kohlegruben und Großbetrieben eine zweite Karriere.

Technische Daten Baureihe 80

Bauart	Ch2
Beschaffungszeit	1927 – 1928
Gesamtserie	39 Exemplare
Länge über Puffer	9670 mm
Treibraddurchmesser	1100 mm
Dienstmasse	54,4 t
Achslast	18,2 t
Höchstgeschwindigkeit	45 km/h
Leistung	575 PS
Ausmusterung	DB 1965; DR 1968

Die Märklin-Modelle

Baureihe 80

Die Baureihe 80 ist für eingefleischte Märklinisten eine uralte Bekannte. Ihre erste Variante erschien 1938 in der Pionierzeit der Spur 00, komplett aus Zinkdruckguß und im Gegensatz zum Vorbild nur als Zweiachser. Das Modell mit der Bezeichnung T 800 blieb ohne große Veränderungen bis 1948 im Programm. 1949 wurde die Lok durch die T 790 mit ihrem markanten Handschalter auf dem Kesselscheitel ersetzt; sie blieb nur bis 1950 im Sortiment.

Als erstes annähernd maßstäbliches Modell erschien 1949 ein Modell der Baureihe 80 ebenfalls mit einem Aufbau aus Zinkdruckguß, aber mit der korrekten Achsfolge C (TM 800). Nachdem die kleine Rangierlok 1957 noch die neue Artikelnummer 3004 bekommen hatte, verschwand sie 1958 von den Katalogseiten.

Ihren großen Auftritt hatte die 80 genau 30 Jahre später als Neuheit des Modelljahres 1988. Mit einem technischen Aufwand, wie er bei Rangierloks selten ist, stellte Märklin ein in Finish und Qualität hochwertiges Modell auf die Gleise. Die 80 030 der DB war wahlweise mit elektronischem Fahrtrichtungsschalter (3304) oder c80-Decoder (3604) zu haben. Im Jahr darauf sorgte der neue Fünf-Sterne-Antrieb für perfekten Rangierspaß (3504). Modelle der Lok mit nur zwei hinteren Lampen sorgten 1991 für Furore unter den Sammlern. 1992 verschwanden die Varianten mit Decoder und Fünfpolmotor und machten der Version mit digital geregeltem Hochleistungsantrieb Platz (3704). Die Super-80 blieb bis 1994 im Programm.

Für die MHI fertigte Märklin 1990 den Junkers-Flugzeug-Transportzug, den die 80 007 in Reichsbahnausführung schleppte. Im Gegen-

Technische Daten Baureihe 81	
Bauart	Dh2
Beschaffungszeit	1928
Gesamtserie	10 Exemplare
Länge über Puffer	11.080 mm
Treibraddurchmesser	1100 mm
Dienstmasse	67,5 t
Achslast	17 t
Höchstgeschwindigkeit	45 km/h
Leistung	860 PS
Ausmusterung	1963

Oben: *Dank der fernsteuerbaren Telex-Kupplung ist das Modell der Baureihe 81 für Rangierfahrten gut geeignet.*

satz zum DB-Modell leuchteten an der Maschine vorn und hinten nur zwei Lampen. Die Pakkung wurde mit einer konventionellen (2866) oder digitalen Lok (2666) angeboten. Ebenfalls als MHI-Modell erschien 1994 die D-727 der Ruhrkohle AG, eine gerade für Westdeutschland typische Variante der Baureihe 80 als Werkslok (3404). Ein Delta-Modul machte die Lok digitaltauglich. Speziell Freunden des Rangierbetriebs kam Märklin 1998 mit dem Modell der Delta-Lok 80 031 in Bundesbahnausführung entgegen, die mit ihrem hoch untersetzten Getriebe deutlich langsamer fuhr als ihre Vorgängerinnen (33041). Von 1985 bis 1992 gab es im Primex-Programm ein Modell der 80 031. Die Lok entstand durch geringfügige Modifikation aus dem beliebten Märklin-Modell der Baureihe 89. Mit der silbern lackierten 80 030 der Zugpackung 2750 feierte Primex 1985 das 150jährige Jubiläum der deutschen Bahnen.

Baureihe 81

Dem fein gravierten Modell der Baureihe 81 gebührt der Ruhm, die erste richtige Märklin-Rangierlok gewesen zu sein. Märklin fertigte die kraftvolle Maschine ab 1959 wahlweise mit Hakenkupplung oder mit fernsteuerbarer Telex-Kupplung. Die 81 004 büßte im Lauf ihres Lebens nichts an Beliebtheit ein. Die Variante mit normaler Kupplung (3032) blieb zunächst bis 1967 im Programm, die Telex-Lok (3031) gar bis 1974. Nach einem Intermezzo im Primex-Programm von 1981 bis 1992 als 81 003 (3196) kehrte die beliebte Rangierlok 1989 als 81 010 unter ihrer alten Artikelnummer 3032 ins Märklin-Sortiment zurück. In der Zugpackung 2963 bot Märklin die Maschine von 1992 bis 1995 serienmäßig mit Delta-Modul an. 1996 gab es schließlich als 81 003 wieder eine Ausführung der Lok mit Telex-Kupplung (30321).

Oben: *In Freiburg ist die 85 007 als Denkmallok erhalten geblieben. Im August 1986 präsentierte sich die Lok optisch perfekt restauriert.*

BAUREIHE 85 – DIE BERGKÖNIGIN

Dunkle Wolken stiegen aus dem romantischen Tal im Schwarzwald auf. Schläge aus neun Zylindern hallten von den Wänden der engen, tiefen Schlucht wider, während sich die Fahrgäste im Eilzug 344 von Colmar nach Ulm fast den Hals verrenkten, um rechts aus dem Fenster den Hirsch auf dem Felsen zu erspähen. Das war die große Zeit der Baureihe 85, der zehn schweren Tenderloks für Gebirgsstrecken, die 1932 eigens für den Betrieb der Höllentalbahn von Freiburg nach Titisee gebaut worden sind. Der Eilzug, der 1941 durch dieses Tal fuhr, brauchte die insgesamt 4500 PS von drei dieser Loks, um die Steigung zwischen Bahnhöfen mit so klangvollen Namen wie Kirchzarten (392 m über Normalnull), Himmelreich, Hirschsprung, Höllsteig und Hinterzarten (895 m über Normalnull) zu überwinden.

Mit der Inbetriebnahme der Lokomotiven fand die Ära des zahnradunterstützten Betriebs auf einer Teilstrecke dieser 1887 eröffneten Bahn 1933 ein Ende. Kurios scheint zunächst, daß die Strecke schon 1936 elektrifiziert wurde. Dabei ging es aber nicht in erster Linie darum, Dampf- durch Elektroloks zu ersetzen, sondern um einen großangelegten Versuch der Reichsbahn, E-Loks mit einer Spannung von 20 Kilovolt und einer Frequenz von 50 Hertz zu betreiben, obwohl sich die Bahnen Mitteleuropas auf 16 2/3 Hertz als Bahnstromfrequenz geeinigt hatten. Dafür wurden eigens vier elektrische Loks der Baureihe E 244 entwickelt, Sonderbauarten der E 44, die den Betrieb im Höllental allein aber nicht bewältigen konnten.

Steilstreckenspezialistin

So blieben die je 133 Tonnen schweren Dampfer der Baureihe 85 die Arbeitstiere der Höllentalsteilrampe, wenn sie auch vorübergehend Schiebedienst auf der benachbarten

Schwarzwaldbahn leisteten. Nachdem die Hauptstrecke Basel – Karlsruhe in der Oberrheinischen Tiefebene elektrifiziert war, stellte die Bundesbahn 1960 auch die Höllentalbahn auf den 15-Kilovolt-Betrieb mit 16 2/3 Hertz um und schickte fortan normale Elektroloks auf die Steilrampe, die mit einer elektrischen Widerstandsbremse ausgerüstet waren.

Damit waren die 85er im Höllental überflüssig geworden. Eine von ihnen war bereits im Krieg beschädigt und ausgemustert wor-

Oben: *Schwerarbeit mußten die Dampflokomotiven auf der Steilrampe Erkrath – Hochdahl leisten. Dieser Güterzug ist vorn mit der 85 007 und der 50 302 bespannt. Am Zugschluß schieben die 94 1646 und die 44 1190 nach.*

Links: *Im Sommer 1935 entstand diese Aufnahme mit der 85 005, die den E 387 bei Hirschsprung durch das Höllental bergauf zieht.*

Rechts: *Reichlich Schnee bescherte der Winter 1953 dem Schwarzwald. Bei Hinterzarten ist die 85 006 schwer arbeitend mit dem Sonderzug 815 zu sehen.*

den, die anderen wurden 1961 bis auf die 85 007 verschrottet. Sie kam zunächst nach Wuppertal-Vohwinkel, wo sie Züge auf der Steilrampe Erkrath – Hochdahl nachschob, und schließlich als Denkmallok vor die Ingenieurschule nach Konstanz. Dort beendete sie 1979 ihr Gastspiel und kehrte nach Freiburg zurück, wo sie mustergültig restauriert im ehemaligen Bw eine neue Heimat fand.

Die Märklin-Modelle

Eine echte Steilstreckenlok fehlte bislang im Märklin-Programm; das sollte sich 1983 ändern. Nach seinem bemerkenswerten Modell der Baureihe 78 von 1981 knüpfte Märklin zwei Jahre später mit dem Modell der Freiburger Museumslok 85 007 an die Erfolge der preußischen Mehrzweckmaschine an. Wie schon bei der 78 fertigte Märklin das Gehäuse der Bergkönigin in einer Mischbauweise mit einem Langkessel aus Metall, Führerhaus und Wasserkästen dagegen aus Kunststoff. Um problemlos auch enge Kurvenradien durchfahren zu können, griffen die Göppinger Techniker auf den Knickrahmen zurück, der sich bislang bei allen fünffach gekuppelten Dampfloks bewährt hat.

Märklin beschritt mit der 85 aber auch Neuland und kombinierte erstmals den neuen Fahrtrichtungsschalter mit Vorschaltelektronik mit der fernsteuerbaren Telex-Kupplung. Damit wurde die 85 nicht nur schiebetauglich, sondern machte mit ruckfreiem Umschalten auch im Rangierdienst eine gute Figur. Als angenehmer Nebeneffekt der Vorschaltelektronik leuchtete das Spitzensignal der Maschine fahrtrichtungsabhängig mit konstanter Helligkeit. Die 85 007 blieb fast unverändert bis 1995 im Programm (3309).

Bereits zwei Jahre nach ihrer Premiere stellte Märklin der Bundesbahnlok 85 007 die 85 006 in Reichsbahnausführung ohne Windleitbleche zu Seite (3308); sie blieb ebenfalls bis

Technische Daten Baureihe 85

Bauart	1'E1'h3
Beschaffungszeit	1932 – 1933
Gesamtserie	10 Exemplare
Länge über Puffer	16 300 mm
Treibraddurchmesser	1400 mm
Dienstmasse	133,6 t
Achslast	20,1 t
Höchstgeschwindigkeit	80 km/h
Leistung	1500 PS
Ausmusterung	1961

Oben: *Märklin-Modell der 85 001 in Ausführung der Deutschen Reichsbahn.*

Links: *Ab 1983 fertigte Märklin die Bundebahnversion der 85 007 mit feingeprägten Windleitblechen.*

1995 im Programm. Für das Hamo-Sortiment produzierte Märklin die Reichsbahnlok lediglich 1985 (8308). Digitalbahner konnten sich 1992 über ein Modell der 85 007 in DB-Ausführung freuen, das mit Hochleistungsantrieb und dem neuen c90-Decoder ausgerüstet war (3709). Im Gegensatz zur konventionellen Variante der Lok rollte sie von Anbeginn auf schwarzvernickelten Radsätzen. Sie blieb wie die anderen beiden Maschinen für das Mittelleitersystem bis 1995 im Handel. Als besonderes Schmankerl für Freunde der Zweischienen-Gleichstrombahnen fertigte Märklin die Lok von 1992 bis 1995 auch in Hamo-Digitalausführung (3809) für die MHI.

Nach zwei Jahren Pause erschien 1997 abermals für die MHI mit der 85 001 wieder ein Modell der Höllentalmaschine in Reichsbahnausführung, die mit feineren Rädern und einer im Vergleich zu den Vorgängertypen zierlicheren Steuerung aufwarten konnte. Mit ihrem Delta-Modul war die Lok auch digitaltauglich. ◀

Oben: *Vielseitig war die Baureihe 86 einsetzbar. Personen-, Eil- und Güterzüge standen in ihren Dienstplänen. Ihr Haupteinsatzgebiet waren die zahlreichen Nebenbahnen.*

BAUREIHE 86 – DIE EIERLEGENDE WOLLMILCHSAU

Fast schon so etwas wie die eierlegende Wollmilchsau, eine Lokomotive, die zumindest auf Nebenbahnen alles konnte, war die Baureihe 86, die bereits in den ersten Planungen der Entwickler von Einheitslokomotiven der Reichsbahnzeit einen festen Platz hatte. Es kam ihnen darauf an, die Vielfalt der wartungsintensiven Länderbahnloks durch Maschinen mit möglichst einheitlichen Bauteilen zu verringern und gleichzeitig eine durchgreifende Modernisierung zu erreichen. Neben geringeren Kosten sollte damit auch der Personen- und Güterverkehr auf der Schiene attraktiver werden.

Von der Baureihe 86 sind zwischen 1928 und 1943 schließlich 774 Einheiten vor allem für den Nebenbahndienst gebaut worden; ihr Achsdruck war deshalb auf 15 Tonnen beschränkt. Konstruktiv und letztlich auch optisch konnte die 86 ihre Verwandtschaft mit den Lokomotiven der Baureihen 64 mit der Achsfolge 1'C1' und 24 mit der Achsfolge 1'C nicht verleugnen.

Die als „Bubikopf" apostrophierten Maschinen der Baureihe 64 brachten es in den Jahren von 1928 bis 1940 immerhin auf 520 Exemplare, die sich vor allem auf neigungsarmen Strecken im Personenzugdienst bewährten. Mit ihren vier Kuppelachsen fand die 86 im Gegensatz zu den Flachlandmaschinen der Baureihen 24 und 64 ihre Domäne in den Mittelgebirgsregionen. Die symmetrische Achsfolge 1'D1' ermöglichte gleichermaßen gute Laufeigenschaften bei Vorwärts- und Rückwärtsfahrt, so daß die Loks in den Endstationen nicht gedreht werden mußten. Die Höchstgeschwindigkeit von zunächst 70 km/h wurde nach der ersten Bauserie auf Tempo 80 angehoben, nachdem die Laufradsätze mit Bremsen ausgerüstet worden waren.

Universell einsetzbar

Mit dieser Geschwindigkeit waren die Loks auch auf Hauptstrecken kein Verkehrshindernis mehr, sondern konnten mit ihren großen Schwestern durchaus mithalten. Sie waren somit im Stande, auch Personenzüge und teilweise sogar Eilzüge zu befördern. Wegen ihrer universellen Einsatzmöglichkeiten verwundert es nicht, daß die 86er als eine der wenigen Baureihen auch im Zweiten Weltkrieg weitergebaut wurden. Auch von der 86 gibt es daher Übergangs-Kriegslokomotiven, bei denen einige Aggregate weggelassen oder vereinfacht wurden, die für den Betrieb entbehrlich schienen. Für den Laien waren die Scheibenräder an Vor- und Nachlaufachse augenfälligstes Kennzeichen dieser Maschinen.

Nach Kriegsende kamen die meisten verbliebenen Maschinen zu den beiden deutschen Bahnen, andere landeten bei ausländischen Bahnverwaltungen. Die DB setzte ihre 385 Maschinen wieder in den Mittelgebirgen ein, modernisierte sie aber im Gegensatz zu vielen größeren Baureihen nicht mehr nennenswert. Gegen Ende der Dampflokära wurden die 86er in Nordostbayern konzentriert. Die letzten beiden, 86 201 und 86 283, wurden am 9. Juni 1974 in Hof und Schwandorf ausgemustert. Einige von ihnen, wie die 86 457, sind der Nachwelt als Museumsloks erhalten geblieben; nicht zuletzt, weil sie sich sowohl für Personen- als auch vor Güterzügen bestens eignen und für Nebenstrecken prädestiniert sind.

Die Märklin-Modelle

Modelle der Baureihe 86 begleiten die Märklin-Fans schon seit 1951. TT 800 lautete

Oben: *Im Bw Nürnberg Rangierbahnhof warten im März 1972 die 086 809 und die 086 521 auf neue Aufgaben.*
Unten: *Nebenbahnidylle in Marxgrün: Die 86 201 hat drei Schotterwagen gebracht.*

Oben: *Den Güterzug mit Personenbeförderung 15 455 hat die 086 534 am 14. April 1972 auf der Strecke Burgthann – Allersberg am Haken.*

Rechts: *Auch das Bw Hof setzte über viele Jahre die robusten Tenderloks ein. Die 086 705 nimmt am Wasserkran neue Vorräte auf.*

die Märklin-Bezeichnung der ersten, ganz aus Zinkdruckguß gefertigten Variante. Sie hatte ein charakteristisches, bei Märklin überaus seltenes Detail, das sich heute mancher Modellbahner für den realistischen Betrieb in seinem Bw wünscht: eine aufklappbare Rauchkammertür, hinter der sich der Handschalter für den Fahrtrichtungswechsel befand. Die Lok

blieb, bald mit der Betriebsnummer 86 197 versehen, bis 1956 im Programm und ist heute als Sammlermodell besonders gesucht.

In gleicher Ausführung und vor allem in gleicher Länge bot Märklin unter der Bezeichnung TP 800 von 1948 bis 1950 ein Modell der 64 an, das sich lediglich durch den weiteren Radstand mit nur drei Kuppelachsen und den fehlenden zweiten Sanddom von der 86 unterschied. Bis Märklin wieder eine 86 anbot, sollten allerdings 15 Jahre vergehen. Das neue Modell, das 1971 erschien, war wieder etwas Außergewöhnliches. Mit freistehenden Laternen und separat am fein gravierten Kunststoffgehäuse angesetzten Details führte die 86 173 in DB-Ausführung die Serie feinst detaillierter

Technische Daten Baureihe 86

Bauart	1'D1'h2
Beschaffungszeit	1928 – 1943
Gesamtserie	774 Exemplare
Länge über Puffer	13.820 mm
Treibraddurchmesser	1400 mm
Dienstmasse	88,5 t
Achslast	15,6 t
Höchstgeschwindigkeit	80 km/h
Leistung	1030 PS
Ausmusterung	DB 1972; DR 1987

***Oben:** Leichter Nebenbahndienst für ein Märklin-Modell der Baureihe 86 mit Telex-Kupplung.*

Dampfloks fort, die im Jahr zuvor mit der 03.10 begonnen hatte. Für kraftvollen Vortrieb sorgte der große Scheibenkollektormotor, der sein Drehmoment von der letzten Achse lediglich über Kuppelstangen an die Nachbarradsätze weitergab. Viel Rangierspaß im Nebenbahndienst versprach die beidseitige Telex-Kupplung. Mit verschiedenen Änderungen, unter anderem bekam die Lok feine Lampenbügel aus Stahldraht, blieb das Modell bis 1995 im Programm (3096). Die Hamo-Version ohne Telex-Kupplung verschwand bereits 1981 aus dem Sortiment (8396). Von 1981 bis 1986, gab es noch die 86 578, allerdings ohne die beliebte Telex-Kupplung, als Zuglok des Mannesmann-Röhrenzuges (2854).

Mit Telex-Kupplung

Zunächst nur für den Export nach Österreich erschien 1986 das ÖBB-Modell der 86 106, das bis auf die Räder komplett in Schwarz gehalten war. Die Lok ohne Telex-Kupplung tauchte in den folgenden beiden Jahren auch im weltweiten Angebot auf (3112). Als ein besonderes Bonbon für Liebhaber origineller Lokomotiven gab es 1988 die ÖBB-86 auch in einer eingeschneiten Version (3113). Sammler sollten auf der Suche nach ihr vorsichtig sein: Obwohl sie auf Börsen und Auktionen keine herausragenden Preise erzielt, sind nach Angaben von „Koll's Preiskatalog" Fälschungen im Umlauf.

Bereits 1987 erschien als bisher schönste Variante die 86 090 im Fotografieranstrich als Bestandteil der Lokomotivpackung „750 Jahre Berlin", die sowohl in konventioneller Ausführung (3100) als auch mit dem Digitaldecoder c80 (3600) lieferbar war.

Ab 1985 dampfte die Serien-86 auch als Digitalmodell mit Telex-Kupplung zunächst mit der Betriebsnummer 86 740 durch das Märklin-Angebot. Ab 1987 kam die Maschine wieder mit ihrer alten Nummer 86 173 in den Handel, und von 1991 bis 1995 rollte die Lok mit kleinen optischen Retuschen als 86 128 aus den Göppinger Hallen (3696). Zwischen 1992 und 1994 gesellte sich zu den mittlerweile zahlreichen Varianten die 86 260 mit Delta-Modul (3396). Während die erste Delta-86 noch auf die Telex-Kupplung verzichten mußte, konnte die 86 217 von 1997 dank eines weiter entwickelten Delta-Moduls wieder mit dieser Funktion aufwarten (33961). ◀

***Oben:** Insgesamt 10 Einheiten wurden von der Baureihe 89.0 gebaut. Die abgebildete 89 005 entstammt den Maschinen, die als Heißdampfloks an die Reichsbahn geliefert wurden.*

BAUREIHE 89.0 – MEISTGEBAUTE LOK ALLER ZEITEN

Es gibt eigentlich zwei Gründe, warum nach der erfolgreichen Baureihe 80, eine neue, leichtere Tenderlok als Baureihe 89 entstand: Einerseits weckte die 80 mit ihren immerhin 17,5 Tonnen Achsfahrmasse im leichten Verschiebedienst in Personenbahnhöfen hinsichtlich der Wirtschaftlichkeit Bedenken, andererseits mußten viele Rangierloks aus Länderbahnzeiten altersbedingt aufs Abstellgleis. Obwohl die Rangierlok der Baureihe 89 in der Geschichte der Einheitslok ein spätes Kind ist, wurden als erste Lieferung im Jahr 1934 noch bewußt zwei Varianten gebaut: drei Naß- und drei Heißdampfloks. Auf diese Weise wollte die Reichsbahn testen, ob im Gegensatz zu den anderen Einheitsloks, die alle in Heißdampfausführung gebaut wurden, für den Rangierbetrieb eine Naßdampfmaschine genügte.

Die Maschinen mit den Nummern 89 001 bis 89 003 waren Naßdampf-, die mit den Nummern 89 004 bis 89 006 Heißdampfloks. Erwartungsgemäß zeigte sich bei den Vergleichstests, daß die Heißdampf- der Naßdampfvariante überlegen war, und das nicht nur in Bezug auf den Wirkungsgrad, sondern auch auf die Leistung. Die Naßdampfloks leisteten maximal 290 PS und konnten bei ihrer Höchstgeschwindigkeit von 45 km/h 485 Tonnen in der Ebene ziehen. Die Heißdampfloks

Technische Daten Baureihe 89.0

Bauart	Cn2/Ch2
Beschaffungszeit	1934 – 1938
Gesamtserie	10 Exemplare
Länge über Puffer	9600 mm
Treibraddurchmesser	1100 mm
Dienstmasse	46,6 t
Achslast	15,6 t
Höchstgeschwindigkeit	45 km/h
Leistung	Naßdampfloks 290 PS; Heißdampfloks 450 PS
Ausmusterung	1967

waren mit 450 PS Leistung und 795 Tonnen Zugkraft deutlich überlegen. Eine zweite Serie von vier Maschinen aus dem Jahr 1938 bestand daher nur noch aus Heißdampflokomotiven. Weitere Lieferungen kamen wegen des Krieges nicht mehr zustande.

Schon in den dreißiger Jahren erwuchsen den Rangierdampfloks mit den Diesellokomotiven ernsthafte Konkurrenten. Die unter ihrem Kürzel Köf berühmt gewordenen Kleinloks und die ehemaligen Wehrmachtslokomotiven der Baureihen V 20 und V 36 machten letztlich in der Nachkriegszeit die Dampfrangierloks überflüssig. Als einzige Maschine ihrer Art hat die 89 008 im Verkehrsmuseum Dresden die Zeiten überdauert.

Die Märklin-Modelle

1953 begann der Siegeszug von Märklins 89, die in Startpackungen und seltener auch im Einzelverkauf die Welt eroberte. Zunächst gelangte die 89 005 mit zwei elektrischen Stirnlampen und erstmals bei Märklin mit einem Kunststoffgehäuse in den Handel. Bereits ein Jahr später rollte sie mit der fiktiven Betriebsnummer 89 028 aus den Märklin-Hallen. 1957 tauschte die 89 ihr Kürzel CM 800 gegen die legendäre Artikelnummer 3000. Unter Sammlern besonders begehrt sind Varianten der Lok, die in den Jahren 1957 und 1958 mit Stirnlampenattrappen aus Aluminium in den Handel kamen und allesamt die Märklin-Nummer 3028 erhielten. 1959 ersetzte bei der 3000 ein Dreilichtspitzensignal mit Lichtleiter die beiden elektrisch beleuchteten Stirnlampen, und neben der 89 028 wurde wieder die 89 005 angeboten.

Im gleichen Jahr erläuterte ein Demonstrationsmodell der 89 mit transparentem Gehäuse bei ausgewählten Fachhändlern die Vorzüge des Märklin-Systems. Seit 1963 vertrieb Märklin die kleine Tenderlok nur noch mit der Betriebsnummer 89 005 und ohne den beliebten Handschalter für den Fahrtrichtungswechsel.

Fünf Jahre später griff Märklin in die Eisenbahngeschichte ein und dekorierte die jetzt als 89 006 bezeichnete Maschine kurzerhand als Bundesbahnlok des Bw Schweinfurt, obwohl keine der Vorbildloks je bei der DB lief. Für Verwirrung sorgten Anfang der siebziger Jahre Loks mit der Betriebsnummer 900 68. Versehentlich war die Nummer der Lok kopfstehend gedruckt worden.

Die meistgebaute Lok

Nach einer Digitalausführung der Lok in der Startpackung 2602 aus dem Jahr 1987 produzierte Märklin seinen Klassiker zwischen 1992 und 1996 auch mit Delta-Modul für das Startset 2915. 1996 erfuhr die kleine 89 nach über 40 Jahren eine gründliche Modellpflege: Der modernere, etwas niedrigere Trommelkollektormotor ersetzte den alten Antrieb mit Scheibenkollektor. Ebenso machten die klassischen Kupplungshaken einer Kupplungsaufnahme Platz, die es erlaubte, auch die Märklin-Kurzkupplung an der Lokomotive zu montieren. Weiterhin tauschte Märklin die bislang am Fahrwerk angespritzten Zylinder gegen ein separates Kunststoffteil. Nach nunmehr über 45 Jahren hält die kleine 89 keinen geringeren Rekord, als den der meistgebauten Lok aller Zeiten.

***Oben:** Obwohl keine genauen Zahlen vorliegen, dürfte die Baureihe 89.0 als Märklin-Modell die meistgebaute Nachbildung weltweit sein. Seit mehr als 45 Jahren hat sie als Bestandteil diverser Startpackungen die faszinierende Welt der Modellbahn eröffnet.*

VOM CHAOS ZUM INTERCITY

Wenn man schon auf dem Dach mitfahre, solle man sich hinlegen, denn bei den vielen Tunnels auf der Strecke sei zwischen Zugdach und Tunneldecke nur wenig Zwischenraum. Diese Warnung, ausgesprochen an die Fahrgäste eines Zuges im Deutschland des Jahres 1945, illustriert die chaotischen Zustände, die nach dem Zusammenbruch des Dritten Reiches herrschten.

Im Land lagen 400 Millionen Kubikmeter Trümmer. Die Eisenbahn, kurz zuvor noch eine der fortschrittlichsten der Welt, war kaum noch betriebsfähig. Tausende Brücken, 13.000 Weichen, 3 500 Kilometer Gleise waren zerstört – nicht nur von den einstigen Feinden, die zumindest im Westen schon bald den Wiederaufbau unterstützten, sondern gemäß einschlägiger Befehle auch von deutschen Soldaten und Eisenbahnern. 38,6 Prozent der Dampflokomotiven waren betriebsfähig, 31 Prozent der Wagen waren schadhaft.

Und das zu einer Zeit, da fast alle Menschen unterwegs sein mußten, um sich auch nur das Nötigste zum Überleben zu beschaffen, um ihre Häuser und Städte wieder aufzubauen, um nach den Wirren des Krieges und der Vertreibung zurückzukehren oder sich ein neues Zuhause einzurichten. Erschwert wurde der Wiederaufbau nicht nur durch Mangel an Material und Arbeitskräften, sondern auch durch einen extrem kalten Winter 1946/47 und nicht zuletzt durch die Teilung Deutschlands in zunächst vier Besatzungszonen.

■ *Hauptachsen verliefen nun in Nord-Süd-Richtung*

Je dichter sich der Eiserne Vorhang zuzog, um so mehr veränderten sich die Verkehrsströme: Die Ost-West-Verbindungen verloren rasch an Bedeutung, und die Nord-Süd-Achsen mußten dem wachsenden Verkehrsaufkommen angepaßt werden. Mehr als ein Jahr lang lief der Eisenbahnverkehr in Deutschland wahrhaft chaotisch ab. Die meisten Züge fuhren nach dem Zufallsprinzip, die Fahrgäste waren vom Hunger gezeichnet, viele Wartesäle hatten sich in Obdachlosenunterkünfte verwandelt. Sie „wurden ein Treffpunkt der Verelendung und der Demoralisation", beschreibt ein Chronist der Zeitschrift „Die Bundesbahn" das Reiseszenario der Jahre 1945/46.

Einige Wochen nach Gründung der Bundesrepublik erhielt die inzwischen in Offenbach am Main beheimatete Hauptverwaltung der Deutschen Reichsbahn ein Telegramm des Direktors der Verwaltung für Verkehr des „Vereinigten Wirtschaftsgebiets" – das waren die amerikanische und die britische Besatzungszone: „Mit Wirkung vom 7. September 1949 wird die Bezeichnung 'Deutsche Reichsbahn' ... in 'Deutsche Bundesbahn' geändert." Bald folgten die entsprechenden Gesetze, und die Eisenbahn der französischen Zone kam auch dazu. Der geordnete Wiederaufbau konnte beginnen; gleichzeitig war aber die deutsche Teilung auch auf der Schiene verwaltungsmäßig festgeschrieben.

Es war, als hätte es das umfangreiche Einheitslokomotiven-Programm der zwanziger und dreißiger Jahre nicht gegeben: Bei den Personenzügen, die wegen der Rüstungsprogramme vernachlässigt worden waren, ergab sich, daß Lokomotiven und Wagen zu 90 Prozent vor 1920 gebaut worden waren. Artreine Züge aus einer preußischen P 8 und einer Reihe drei- oder vierachsiger preußischer Abteilwagen waren Ende der vierziger Jahre auch im Fernverkehr ein alltägliches Bild.

Immerhin hatten sie verglaste Fenster. Die Komfortstufen nach 1945 verliefen etwa so: glaslose Löcher, dafür Scherben auf den Sitzen, sofern die Bänke nicht als Brennholz zweckentfremdet worden waren – holzverschlagene Fensteröffnungen, weggefegte Scherben – zentimeterbreite Licht- und Sehschlitze in den Holzverschalungen – erste Neuverglasungen – Heizung funktioniert öfters.

Zwar verfügte die Bundesbahn über einige hundert Lokomotiven der Schnellzugbaureihen 01 und 03, aber auch diese mußten erst aufwendig instandgesetzt werden. An Kriegslokomotiven für den Güterverkehr herrschte dagegen Überfluß.

Erste Lichtblicke: 1949 wurden 28.508 Güterwagen, zwölf Dampflokomotiven, 19 Motor- und Kleinlokomotiven beschafft. Die Strecke von Stuttgart-Bad Cannstatt nach Waiblingen war die erste, auf der nach dem Krieg der elektrische Betrieb wiederaufgenommen wurde.

Schon ein Jahr später trägt das Dampflok-Neubauprogramm der DB erste Früchte. Es wurde konzipiert, weil bis zur vollständigen Ablösung der Dampftraktion durch Diesel- und Elektrolokomotiven noch Jahrzehnte vergehen würden. Die ersten neuentwickelten Güterzugtenderlokomotiven der Baureihe 82 und die ersten Schlepptenderloks der Baureihe 23 wurden übergeben. Es sollten noch die Baureihe 65 für den Nahverkehr in Ballungsräumen, die universell einsetzbare Tenderlok der Baureihe 66 und die Baureihe 10 für den schweren Schnellzugdienst folgen. Wirkliche

Bedeutung für den Wiederaufbau und das bevorstehende Wirtschaftswunder erlangten nur noch die Baureihen 23, 65 und 82. Von den Baureihen 10 und 66 entstanden jeweils noch zwei Exemplare. Das Feld eroberten die Schienenbusse, die neuen Einheits-Elektroloks und die Diesellok der Baureihe V 200.

Bis etwa 1957 datieren Eisenbahnhistoriker die Zeit des Wiederaufbaus, nicht ohne hinzuzufügen, daß dabei bereits die Weichen für eine zukunftsgerichtete moderne Bahn gestellt worden seien. Das geschah durch die bereits erwähnten Triebfahrzeugprogramme, die in der Tradition der Einheitsdampflokomotiven standen und dank wirtschaftlicher Wartung das stetig steigende Defizit der Bundesbahn in Grenzen halten sollten.

Besonders die auf dem Kernnetz rapide fortschreitende Elektrifizierung minderte schnell die Betriebskosten. Gleichzeitig hob sie die Geschwindigkeiten: Um 1960 überschritten die Fernschnellzüge im Westen auf den neuen Hauptrelationen Frankfurt am Main – Hannover – Hamburg und Frankfurt am Main – Nürnberg – München die magische 100-Stundenkilometer-Grenze bei der fahrplanmäßigen Reisegeschwindigkeit. Zumindest auf diesen Strecken war damit auch die Vorkriegsleistung mit den „Fliegenden Zügen“ übertroffen.

Ganz anders sah es dagegen auf den einstigen Paradestrecken von Berlin in die beiden anderen Millionenstädte aus. Die Transitzüge zuckelten mit maximal Tempo 120 durch die DDR, und mancher D-Zug hielt auf bundesdeutschem Gebiet in Nestern wie Pressig-Rothenkirchen. Um die mit den Schnelltriebwagen und den Rekord-Dampfloks erreichten Reisegeschwindigkeiten zu erreichen oder gar zu überbieten, bedurfte es erst der Wiedervereinigung. Aber an die deutsche Einheit glaubte in den Sechzigern kaum jemand. Symbolkraft hatten vielmehr Bilder von den im Nichts endenden Schienensträngen an der Zonengrenze.

■ *Keine Chance gegen den Wettbewerber Auto*

Offenbar zu wenig ins Kalkül gezogen hatten die Planer die Auswirkungen des Wirtschaftswunders. Sie bescherten zwar anfangs auch der Bahn einen Aufschwung, mit dem sie in dieser Dimension nicht gerechnet hatte, das Verkehrswachstum wurde aber im wesentlichen vom Konkurrenten der Bahn, dem Auto, getragen. Erst war es dessen Produktion und dann die massenhafte Verbreitung dieses Verkehrsmittels, die den Wohlstand bis ins entlegenste Dorf trugen. Auch der über Steuern finanzierte beispiellose Straßenbau trug zum scharfen Wettbewerb bei; die Bahn mußte ihren Wiederaufbau über Kredite finanzieren. All das bewirkte, daß der Bahn schnell die Kundschaft wegblieb, besonders auf den Nebenstrecken. Dabei waren hier die drei- und vierachsigen Abteilwagen in einem aufwendigen Programm mit neuen Aufbauten versehen worden. Diese Umbauwagen bestimmten noch über Jahre das Bild im Nah- und Regionalverkehr.

Auf den Fernstrecken dagegen kehrte langsam, aber sicher der Komfort ein. 1951 fuhr der legendäre „Rheingold“ wieder von Hoek van Holland nach Basel. Mit dem Sommerfahrplan 1956 wurde bundesweit die dritte Klasse abgeschafft. Ein Jahr später war Westdeutschland wieder vollständig ins europäische Fernschnellzugnetz integriert: Trans-Europ-Express-(TEE-)Züge, zunächst vorzugsweise als Dieseltriebwagen, sorgten für Tempo auf der Schiene. Die Einheits-E-Loks und Dieselloks übernahmen zahlreiche Schnellzugleistungen. Auf den Nebenbahnen fuhr der Schienenbus deutlich billiger und sauberer als Dampfloks.

Das Schicksal der Dampfloks war also schon mehr als ein Jahrzehnt vor ihrem endgültigen Ausscheiden aus dem Plandienst besiegelt. Zur 125-Jahrfeier der deutschen Eisenbahnen 1960 in Nürnberg wurde die Tausendste Elektrolokomotive ausgeliefert – eine E 41 –, und Bahnchef Heinz Maria Oeftering ließ keinen Zweifel daran, wie die Zukunft aussehen würde: „Elektrifiziert werden die Strecken mit besonders dichtem und schwerem Verkehr; die schwach belegten Strecken mit leichteren Leistungen und der Rangierdienst werden verdieselt.“

Ein Jahr zuvor war mit der 23 105 die letzte Neubaudampflokomotive an die Deutsche Bundesbahn ausgeliefert worden.

■ *Nur alle 600.000 km zur Inspektion*

Die Wirtschaftlichkeitsrechnung fiel allemal zugunsten von Diesel und Strom aus, obwohl die Güterzugdampfloks der Baureihe 50 Anfang der sechziger Jahre noch so gut in Schuß waren, daß sie nur alle 200.000 Kilometer zur großen Inspektion mußten. Die vergleichbar einsetzbaren Dieselloks der Baureihe V 160 mußten aber nur alle 600.000 Kilometer in die Werkstatt.

Auf der Internationalen Verkehrsausstellung in München 1965 schließlich wurde ein neues Kapitel der elektrischen Traktion aufgeschlagen, in dem die Dampflok nicht mehr mithalten konnte: Zwischen der Isarmetropole und Augsburg fuhr eine der neuentwickelten sechsachsigen, elektrischen Schnellfahrlokomotiven der Baureihe E 03 Tag für Tag und fahrplanmäßig Tempo 200. Und am Ende der Zeitspanne, die unter Modellbahnern Epoche III heißt, beginnt zum Winterfahrplan 1971/72 das Intercity-Zeitalter mit dem Slogan: „Deutschland im Zweistundentakt“. ◄

***Rechts:** Die 023 029 wartet vor einem Personenzug in Crailsheim auf den Abfahrbefehl.*

BAUREIHE 23 – ERFOLGREICHE DB-KONSTRUKTION

***Unten:** Im Mai 1972 befuhren die 23er auch die Moselstrecke, wie hier die 023 103.*

Prairie nannte man in Amerika wegen ihres Verbreitungsgebiets Lokomotiven mit der symmetrischen Achsfolge 2-6-2 oder, wie deutsche Fachleute sagen, 1'C1'. In den Vereinigten Staaten setzte sich diese Bauart fast nur bei Tenderloks durch, und auch hierzulande waren diese Lokomotiven nie besonders erfolgreich. Schon frühzeitig planten deutsche Ingenieure, die bereits kurz nach der Jahrhundertwende entwickelte, aber immer noch erfolgreiche preußische P 8 durch eine Lok des Prairie-Typs zu ersetzen. Aber alles, was sie in dieser Sache auf die Räder stellten, war entweder eine Fehlkonstruktion oder kam einfach zur falschen Zeit.

Es begann in den Entwicklungsbüros der Großherzoglich Oldenburgischen Eisenbahn im Kriegsjahr 1915. Für deren Gleise war die preußische P 8 mit der Achsfolge 2'C zu schwer, und die Ingenieure orderten deshalb eine Personenzuglok mit je einer Vor- und Nachlaufachse sowie drei Kuppelachsen mit großen Treibrädern. Die oldenburgische S 10, von der es nur drei Maschinen gab, gilt als Mißerfolg. Sie lief unruhig, hatte zahlreiche

Kinderkrankheiten und konnte wegen des Krieges nie richtig getestet werden. Als Baureihe 16 lief sie bei der Reichsbahn noch bis 1926. Nach Gründung der Deutschen Reichsbahn dachte auch der Vereinheitlichungsausschuß, der die Einheitsloks projektierte, über eine Maschine nach, die irgendwann die P 8 ersetzen sollte. Die P 8 galt aber als unverwüstlich und wurde auch noch zu Reichsbahnzeiten weiter gebaut. Erst 1941 lieferte die Lokfabrik Schichau die beiden ersten Probelokomotiven der Baureihe 23 als designierten P 8-Ersatz. Der Zweite Weltkrieg machte aber die Planung zunichte, weitere 800 Maschinen zu beschaffen. Nach dem Zweiten Weltkrieg verblieben die beiden Prototypen in der DDR. Die Deutsche Reichsbahn setzte die letzte der eleganten Maschinen noch bis 1974 bei der Versuchsanstalt in Halle ein.

Das DB-Neubau-Programm

Bereits Ende der vierziger Jahre stellte sich für beide deutschen Bahnen wieder die Frage nach einem Ersatz für die mittlerweile 30 bis 40 Jahre alten P 8. Ein Weiterbau der Vorkriegs-23 kam nicht in Frage, wenn man nicht auf den inzwischen erreichten technischen

***Oben:** Kurz vor Lauda – an der von Würzburg kommenden Strecke – rollte eine 023 vom Bw Crailsheim am 29. April 1975 an der untergehenden Sonne vorüber.*

***Links:** Ebenfalls in Richtung Lauda war 023 020 unterwegs. Eben verläßt sie den mit Flügelsignalen gesicherten Bahnhof Schrozberg.*

***Oben:** 1974 war die Baureihe 23 noch regelmäßig in Schwäbisch-Hall zu sehen. Auf der dortigen Drehscheibe wurde die 023 002 für ihren nächsten Einsatz gewendet.*

***Unten:** Auf dem Weg nach Crailsheim dampft die 023 021 durch Markersheim (März 1975).*

Fortschritt verzichten wollte. Die Deutsche Reichsbahn entwickelte Mitte der fünfziger Jahre ihre neukonstruierte 23.10 zur Serienreife. Die Bundesbahn stellte schon 1949 ein Programm für Neubaudampfloks auf, das vor allem eine Schlepptenderlok für Personen-, Güter- und auch leichte Schnellzüge vorsah: die Baureihe 23. Die Loks konnten immerhin 110 km/h mit einem 600-Tonnen-Zug erreichen und waren auch bei Rückwärtsfahrt für Tempo 85 zugelassen. Mit 1480 PS am Zughaken wurde die Leistung der P 8 um mehr als 50 Prozent übertroffen.

Die ersten Lokomotiven wurden 1950 geliefert, das letzte der insgesamt 105 Exemplare im Dezember 1959. Die 23 105 war zugleich

Technische Daten Baureihe 23

Bauart	1'C1'h2
Beschaffungszeit	1950 – 1959
Gesamtserie	105 Exemplare
Länge über Puffer	21.330 mm
Treibraddurchmesser	1750 mm
Dienstmasse	82,8 t
Achslast	18,7 t
Höchstgeschwindigkeit	110 km/h
Leistung	1785 PS
Ausmusterung	1975

Oben: *Nur wenige Jahre, nachdem die DB ihre Baureihe 23 zum Rollen gebracht hatte, präsentiert Märklin eine Nachbildung im Maßstab 1:87.*

die letzte von der DB beschaffte Dampflok; sie gehört heute zum betriebsfähigen Museumsbestand der Deutschen Bahn. Die letzten Bundesbahn-23er wurden kurz vor Weihnachten 1975 beim Bw Crailsheim außer Dienst gestellt. Damit hatten sie die letzten P 8, als deren Ersatz sie eigentlich angetreten waren, gerade mal um ein Jahr überlebt.

Die Märklin-Modelle

Die ersten Neubaudampfloks der Baureihe 23 rollten 1954 gerade seit vier Jahren über die Bundesbahngleise, als Märklin sein weitgehend maßstäbliches Modell der Personenzuglok unter der Artikelnummer DA 800 vorstellte. Im Gegensatz zu den bisherigen Schlepptenderloks fertigte Märklin das Gehäuse, wie bereits ein Jahr zuvor bei der kleinen Tenderlok der Baureihe 89, aus Kunststoff. Der im Gegensatz zum traditionellen Zinkdruckguß leichter zu verarbeitende Kunststoff neigte bei der relativ großen 23 aber dazu, sich nach einiger Zeit zu verformen. Märklin zog bereits nach zwei Jahren die Konsequenzen aus dem Versuch und fertigte die Baureihe 23 ab 1956 wie alle großen Schlepptenderloks in bewährter Weise aus Zinkdruckguß. Mit kleineren Veränderungen wurde die Lok mit den beiden elektrisch beleuchteten Stirnlampen unter der seit 1957 gültigen Artikelnummer 3005 bis 1968 angeboten. Bei Sammlern ist die Plastik-23 wegen ihrer kurzen Bauzeit heute besonders begehrt.

1969 fragte das Märklin-Magazin seine Leser, ob sie das neue, im Gegensatz zur 3005 vereinfachte und damit deutlich preiswertere Modell der Baureihe 23 (3097) bevorzugen oder sich lieber doch ein teureres und dafür komplett ausgestattetes Modell kaufen würden. Das Ergebnis der Umfrage: Über die Hälfte der Befragten wünschten lieber wie bisher fein detaillierte Modelle und waren auch bereit, dafür mehr zu bezahlen; entsprechend bescheiden fiel der Erfolg der Spar-23 aus. Bereits 1972 machte das abgespeckte Modell wieder der aufwendiger lackierten 23 mit kompletter Heusinger-Steuerung Platz, die unter ihrer früheren Artikelnummer 3005 angeboten wurde.

Die vereinfachte 23 behauptete sich unter der Artikelnummer 3097 von 1973 bis 1977 im Primex-Programm. Gleich zwei Jubiläen – 150 Jahre Eisenbahnen in Deutschland und 50 Jahre Märklin 00/H0 – feierte Märklin 1985 mit der 23 105 im Primex-Programm (3191).

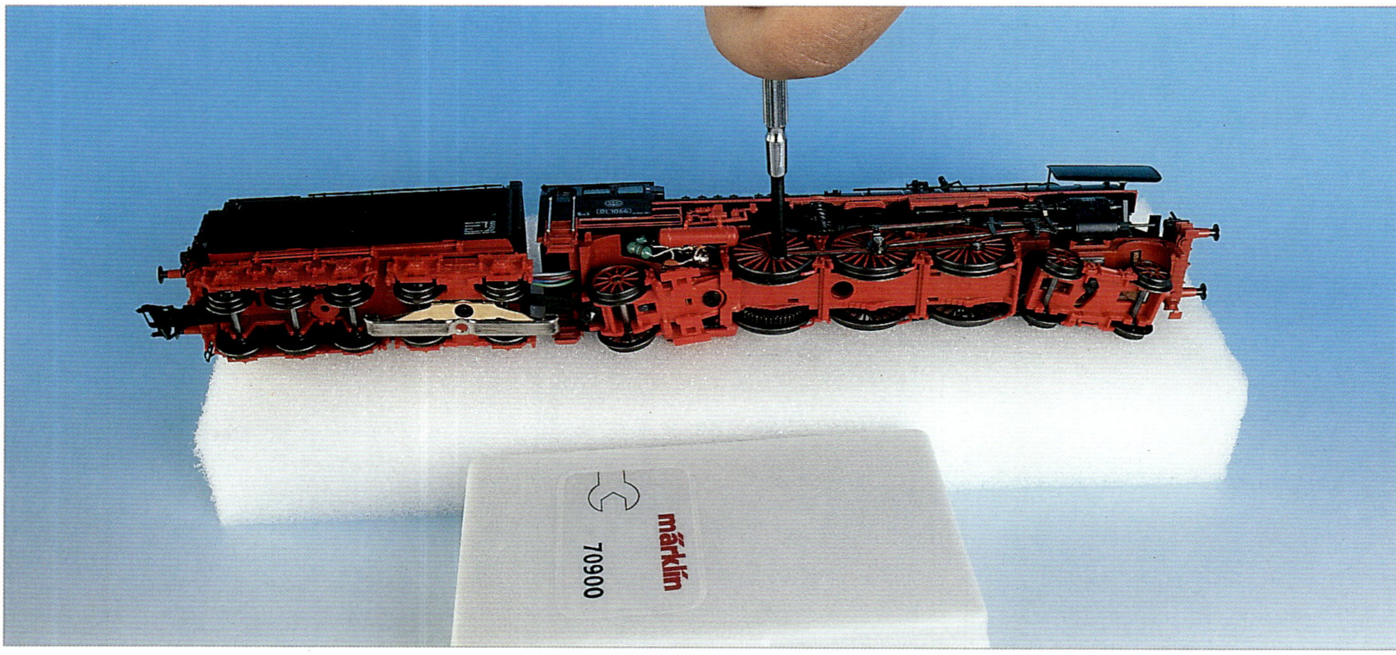

Oben: *Bei fast allen Märklin-Lokomotiven sind Gehäuse und Fahrwerk miteinander verschraubt. Der Lokomotivaufbau läßt sich deswegen für Wartungsarbeiten problemlos abnehmen. Bei der S 3/6 beispielsweise versteckt sich die Gehäuseschraube unter einer Kunststoffkappe des Sanddoms. Besonderheiten bei der Gehäusebefestigung einer Lok verrät die Bedienungsanleitung oder der Märklin-Händler.*

Mitte: *Bei zahlreichen Schlepptenderloks vor allem älterer Bauart sind die Tendergehäuse mit dem Chassis verschraubt, bei neueren Bauarten oft auch aufgeklipst. Genauso problemlos wie die Lokomotivgehäuse lassen sich deswegen auch die Tendergehäuse abnehmen, um beispielsweise Glühlampen zu wechseln oder um bei Digitaldecodern die Adresse zu ändern.*

Unten: *Wer gut schmiert, der gut fährt. Dies gilt alle 40 Betriebsstunden oder nach längerer Lagerung. Ein bis zwei Tropfen Märklin-Öl an die Ankerlager oder bei älteren Modellen in die mit Schaumstoff gefüllten Taschen beiderseits der Ankerlager sorgen dafür, daß der Motor ruhig und gleichmäßig seine Runden dreht. Zuviel Öl kann allerdings die Laufeigenschaften der Loks beeinträchtigen. Unter keinen Umständen Speiseöl verwenden!*

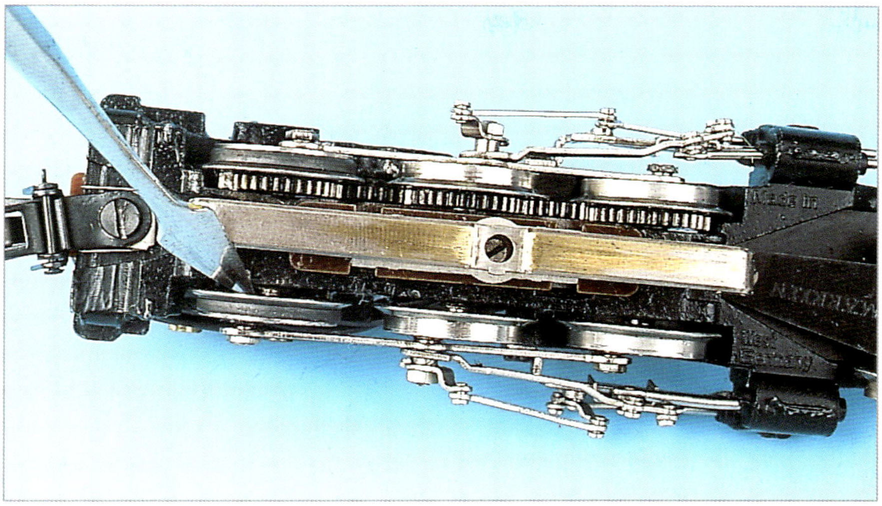

Oben: *Genauso wie die Ankerlager sollten auch die Lager von Rädern und Zahnrädern nach etwa 40 Betriebsstunden geschmiert werden. Dazu verschiebt man den Radsatz oder das Zahnrad in seiner Lagerung so, daß ein Teil der Achse sichtbar wird; auch hier genügt ein Tropfen Öl. Zuviel Schmiermittel würde nur die Räder und damit auch die Gleise verschmutzen.*

Mitte: *Das Gestänge einer Märklin-Dampflok arbeitet auch bei im Vergleich zum Vorbild deutlich überhöhter Geschwindigkeit perfekt, ohne zu klemmen und zu hakeln. Gerade im rauhen Dauerbetrieb sollte man die hart beanspruchten Stangenlager und die Gleitbahn des Kreuzkopfes mit einem Hauch Öl überziehen, der am besten mit einem Wattestäbchen und einer Stecknadel aufgetragen wird.*

Unten: *Mit einem Sechskantsteckschlüssel aus dem Märklin-Werkzeugset 70900 lassen sich die Schrauben des Gestänges lösen. Jetzt kann man mit der Pinzette aus dem Werkzeugset die verschlissenen Haftreifen entfernen. Nachdem die Räder gründlich gereinigt sind, sorgen neue Haftreifen wieder für die Märklin-typische Zugkraft.*

Oben: *Die Motorbürsten liegen auf dem kupfernen Kollektor auf und übertragen den Strom zum Anker. Durch die hohen Drehzahlen des Motors unterliegen die Bürsten einem natürlichen Verschleiß. Sind sie um etwa die Hälfte ihrer ursprünglichen Länge abgefahren, sollte man sie ersetzen. Dabei empfiehlt es sich, die Bürstenführungen von Graphitstaub und Ölrückständen zu reinigen und eventuell die Spannung der Andruckfedern zu korrigieren, so daß sich die Treibräder der Lok anschließend noch problemlos drehen lassen. Ist die Spannung der Andruckfedern zu gering, bleibt die Lok stehen oder sie bewegt sich allenfalls langsam und ruckartig.*

Mitte und unten: *Auch der Mittelschleifer, der einer sicheren Stromübertragung dient, verschleißt im harten Modellbahnalltag. Spätestens wenn der Schleifer entlang seiner Längsachse eine deutliche Kerbe aufweist, sollte man ihn durch einen neuen ersetzen. Nachdem man den verbrauchten Schleifer, den eine kleine Senkkopfschraube etwa in der Mitte sichert, entfernt hat, kann man das Ersatzteil montieren. Dabei sollte man darauf achten, daß die Kontaktplatte, die den Strom vom Schleifer in die Lok überträgt, nicht verölt oder verschmutzt ist. Manche Märklin-Lok verzichtet mittlerweile sogar auf die Schraube; dort muß der neue Schleifer lediglich eingeklipst werden.*

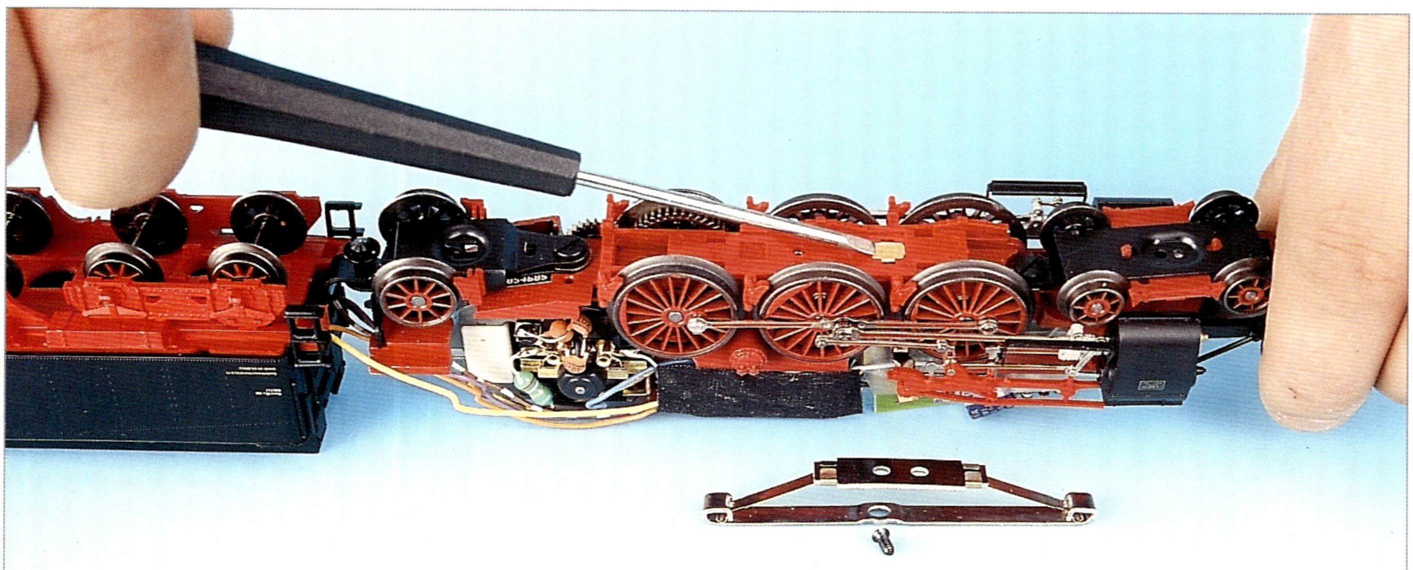

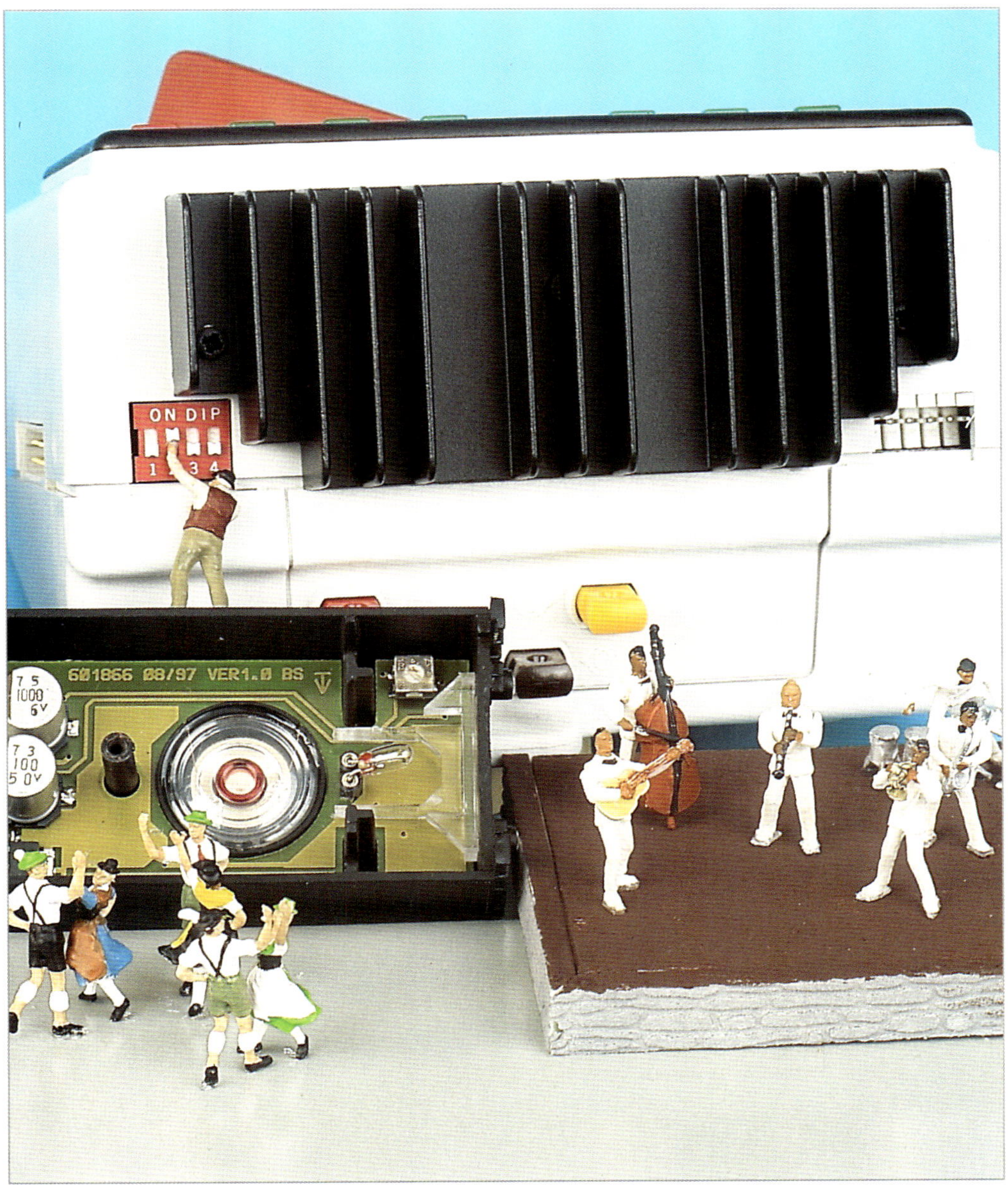

Oben: *Nach Abnahme des Lokomotivgehäuses oder des Tenderaufbaus kann an einem Dipschalter die Digitaladresse eingestellt werden. Ein kleiner Schraubendreher hilft, die kleinen Schalter in die richtige Position zu bringen. Bei Maschinen, die von einem Digitaldecoder c90 oder c91 gesteuert werden, kann mit einem kleinen Drehregler die Geschwindigkeit begrenzt und mit einem anderen die Anfahr- und Bremsverzögerung eingestellt werden.*

Unten: *Damit beim neuen Decoder c91 auch alle Zusatzfunktionen nutzbar sind, muß man an der Control Unit noch den Schiebeschalter 2 in Position ON bringen.*

*Zahlreiche Märklin-Dampfloks sind für einen Rauchsatz vorbereitet, damit die Maschinen wie beim großen Vorbild rauchen können. Bei den Einheitsdampfloks genügt es, den Märklin-Rauchsatz 7226 für konventionellen Betrieb oder den Seuthe-Rauchsatz 11 für den Digital- und Deltabetrieb in den Schornstein einzusetzen **(oben)**. Bei allen Varianten der bayerischen S 3/6 muß man zunächst das Gehäuse abnehmen **(Mitte)**, um den Seuthe-Rauchsatz 20 (konventionell) oder 24 (digital/Delta) von unten einzusetzen. Anschließend genügen einige Tropfen Märklin-Dampföl, um die Loks vorbildnah fauchen zu lassen **(unten)**.*

Abschlammen: Verunreinigungen des Kesselspeisewassers können dem Kessel arg zusetzen. Sie müssen durch A. entfernt werden.

Achsfolge: Das Fahrwerk von Lokomotiven besteht aus Lauf-, Treib- und Kuppelachsen. Deren Anordnung beschreibt die A. Treib- und Kuppelachsen werden dabei zusammengefaßt und mit Großbuchstaben bezeichnet (A = 1 Achse; B = 2 Achsen usw.). Für die Laufachsen verwendet man arabische Ziffern. Im Rahmen bewegliche Achsen erhalten ein Apostroph. Im Rahmen bewegliche Fahrwerksgruppen werden eingeklammert. Einzeln angetriebene Achsen kennzeichnet eine nachgestellte, kleine 0.

Atlantic: Dampflok mit der Achsfolge 2'B1' oder 2'B1.

Ausblasen: In den Kesselrohren abgelagerte Flugasche und andere Rückstände werden durch A. beseitigt.

Betriebsnummer: Die B. besteht aus der zwei- bis dreistelligen Baureihenbezeichnung, z.B. 44 oder 044, und der drei bis vierstelligen Ordnungsnummer, die das einzelne Fahrzeug kennzeichnet.

Blasrohr: Vom Zylinder gelangt der Abdampf über das B. in den Schornstein. Der dabei entstehende Durchzug fördert den Verbrennungsprozeß.

Dampfdruck: Da sich das Wasser bei der Erwärmung ausdehnt, steht der Dampfkessel unter Druck. Der D. darf bestimmte Werte nicht überschreiten, da sonst der Kessel platzen könnte. Sicherheitsventile sprechen bei zu hohem D. an (Abblasen).

Dom: Im Dampfdom sammelt sich der Dampf. Manche Dampfloks führen den Sand in einem weiteren Dom mit.

Drillingslok: Dampflok mit drei Zylindern ohne Verbundwirkung.

Feuerbüchse: Die F. ist der aus Rost, Stehkesselwänden und Stehkesseldecke gebildete Feuerungsraum.

Heißdampflok: Bei einer H. gelangt der Dampf in einen Überhitzer, der ihn auf etwa 380 Grad aufheizt. Der Wirkungsgrad von H. ist größer als von Naßdampfloks, die keinen Überhitzer haben.

Kessel: Im von Rohren durchzogenen K. wird aus Kesselspeisewasser Dampf erzeugt.

Kondenstender: K. haben eine Kondensationseinrichtung, um einen Teil des zur Dampferzeugung genutzten Kesselspeisewassers wiederzuverwerten.

Kuppelachse: Als K. bezeichnet man die über Kuppelstangen von den Treibrädern angetriebenen Achsen.

Laufachse: Nicht angetriebene Achsen bei Lokomotiven heißen L.

Mallet-Lok: Verbundloks mit zwei separat angetriebenen Fahrwerksgruppen, deren vordere drehbar im Rahmen gelagert ist.

Naßdampflok: N. haben keinen Überhitzer. Ihr Wirkungsgrad ist geringer als bei Heißdampfloks.

Pacific: Dampflok mit der Achsfolge 2'C1 oder 2'C1'.

Rauchkammer: In der R. sammelt sich der Rauch, bevor er durch den Schornstein ins Freie entweicht.

Regler: Mittels R. steuert der Lokführer die Dampfzufuhr zu den Zylindern.

Rost: Bei kohlegefeuerten Dampfloks verbrennt die Kohle in der Feuerbüchse auf dem R.

Schlepptenderlok: Dampflok mit separatem Tender.

Tenderlok: T. haben keinen Schlepptender, sondern befördern die Betriebsvorräte im Kohlen- und Wasserkasten, die beide an der Lok angebracht sind.

Treibachse: Als T. bezeichnet man die direkt von der Dampfmaschine angetriebene Achse.

Überreißen von Wasser: Gelangt neben Dampf Wasser in den Zylinder, können starke Schäden an Zylinder und Triebwerk entstehen. Ü. entsteht durch fehlerhafte Bedienung des Reglers, beim Abblasen der Sicherheitsventile bei hoher Lokomotivleistung, durch Schleudern beim Anfahren oder durch unsauberes Kesselspeisewasser. Der Lokführer muß bei Ü. sofort den Regler schließen, um den Schmierfilm im Zylinder wieder herzustellen.

Verbundtriebwerk: Das V. nutzt die Dampfkraft doppelt. Zunächst gelangt der Dampf in den Hochdruck-, danach in den Niederdruckzylinder. Loks mit V. verbrauchen weniger Kohle, sind aber im Unterhalt aufwendiger.

Vierlingslok: Dampflok mit vier Zylindern ohne Verbundwirkung.

Windleitblech: W. leiten mit einem gerichteten Luftstrom Rauch und Abdampf über die Lok hinweg. Der Lokführer behält somit freie Streckensicht.

Zwillingslok: Dampflok mit zwei Zylindern ohne Verbundwirkung.

Zylinder: Der in den Z. einströmende Dampf bewegt den Kolben, der über die Treibstange die Treibräder in Bewegung setzt. ◀

Bildnachweis

Sämtliche Modellaufnahmen fertigte Rainer Albrecht. Die Aufnahmen der Vorbilder stammen aus den Archiven folgender Fotografen:
Titel: Rotthowe; S. 5 von oben nach unten: Sammlung Asmus; Wollny; Wollny; Paulitz; Paulitz; Paulitz; S. 10 oben: Bügel; unten: Paulitz; S. 11 oben: Paulitz; unten: Paulitz; S. 12/13: Sammlung Asmus; S. 14: Bellingrodt, Sammlung Asmus; S. 15: Rotthowe; S. 16 oben: Paulitz; unten: Wollny; S. 18: Bellingrodt, Sammlung Bügel; S. 22 oben: Wollny; unten: DB, Sammlung Paulitz; S. 23 oben: Nelkenbrecher, Sammlung Hermann Merker Verlag; unten: Wollny; S. 24 oben: Sammlung Asmus; unten: Wollny; S. 26 oben: Bellingrodt, Sammlung Bügel; unten: Bellingrodt, Sammlung Asmus; S. 28 oben: Scharold, Sammlung Asmus; unten: Asmus; S. 30: Asmus; S. 31 oben: Urbanczik, Sammlung Asmus; unten: Asmus; S. 32 oben: Asmus; unten: Schörner, Sammlung Asmus; S. 33: Asmus; S. 38 oben: Krauss-Maffei, Sammlung Asmus; unten: Schörner, Sammlung Asmus; S. 40 oben: Sammlung Asmus; unten: Sammlung Asmus; S. 41: Sammlung EMV; S. 42 oben: Asmus; unten: Bellingrodt, Sammlung Asmus; S. 43: Sammlung EMV; S. 46: DB, Sammlung Asmus; S. 47 oben: Bellingrodt, Sammlung Asmus; S. 48: Maey, Sammlung Asmus; S. 49: Maey, Sammlung Asmus; S. 50: Bellingrodt, Sammlung Bügel; S. 52 oben: Bellingrodt, Sammlung Asmus; unten: Sammlung EMV; S. 53: DB, Sammlung Wollny; S. 54 oben: Bellingrodt, Sammlung Bügel; unten: Bellingrodt, Sammlung Asmus; S. 55: Bellingrodt, Sammlung Asmus; S. 58: Asmus; S. 59: Asmus; S. 60/61:Wollny; S. 62: Nelkenbrecher, Sammlung Hermann Merker Verlag; S. 63: Sammlung Asmus; S. 64 oben: Sammlung Asmus; unten: Paulitz; S. 65 oben: Nelkenbrecher, Sammlung Hermann Merker Verlag; unten: Paulitz; S. 66: Bellingrodt, Sammlung Bügel; S. 68: Nelckenbrecher, Sammlung Hermann Merker Verlag; S. 69: Sammlung Asmus; S. 70 oben: Paulitz; unten: Wollny; S. 71 oben: Wollny; unten: Paulitz; S. 72: Nelkenbrecher, Sammlung Hermann Merker Verlag; S. 74 oben: Wollny; unten: Paulitz; S. 75 oben: Nelkenbrecher, Sammlung Hermann Merker Verlag; unten: Wollny; S. 76 oben: Nelkenbrecher, Sammlung Hermann Merker Verlag; unten: Wollny; S. 78 oben: Krauss-Maffei, Sammlung Bügel; Mitte und unten: Bellingrodt, Sammlung Bügel; S. 80: Bellingrodt, Sammlung Bügel; S. 81: Bellingrodt, Sammlung Bügel; S. 82: Schambach; S. 84 oben: Rotthowe; unten: Bellingrodt, Sammlung Bügel; S. 85 oben: Bellingrodt, Sammlung Bügel; unten: Sammlung Asmus; S. 86 oben: Sammlung Asmus; unten: Bügel; S. 88: Paulitz (2); S. 89: Nelkenbrecher, Sammlung Hermann Merker Verlag; S. 90 oben: Paulitz; unten: Schmidt; S. 91: Paulitz (2); S. 92: Paulitz; S. 94: Paulitz (2); S. 95: Nelkenbrecher, Sammlung Hermann Merker Verlag; S. 96 oben: Nelkenbrecher, Sammlung Hermann Merker Verlag; unten: Paulitz; S. 97 oben: Nelkenbrecher, Sammlung Hermann Merker Verlag; unten: Paulitz; S. 98 oben: Nelkenbrecher, Sammlung Hermann Merker Verlag; unten: Wollny; S. 100: Rotthowe; S. 101: Rotthowe; S. 106: Wollny; S. 107 oben: Schambach; unten: Bellingrodt, Sammlung Bügel; S. 108: Bellingrodt, Sammlung Bügel; S. 110: Wollny; S. 111: Wollny (2); S. 112 oben: Nelkenbrecher, Sammlung Hermann Merker Verlag; unten: Wollny; S. 114: Werkaufnahme, Sammlung Asmus; S. 116/117: Wollny; S. 118: Paulitz (2); S. 119 oben: Nelkenbrecher, Sammlung Hermann Merker Verlag; unten: Wollny; S. 120 oben: Wollny; unten: Wollny; S. 127 links: Wollny; rechts oben: Montfort, Sammlung Asmus; rechts Mitte: Wollny; rechts unten: Illig, Sammlung Wollny; Aufnahme in Datentabellen: Wollny